AF590869

L'ÉLECTROLYSE

LA GALVANOPLASTIE ET L'ÉLECTROMÉTALLURGIE

ANGERS, IMP. BURDIN ET Cie.

L'ÉLECTROLYSE

LA GALVANOPLASTIE

ET L'ÉLECTROMÉTALLURGIE

PAR ÉDOUARD JAPING
Ingénieur-électricien

ÉDITION FRANÇAISE PAR CH. BAYE

REVUE PAR GEORGES FOURNIER
Chimiste-électricien

Ouvrage illustré de 46 figures

PARIS
BERNARD TIGNOL, ÉDITEUR
45, QUAI DES GRANDS-AUGUSTINS

1885

PRÉFACE

Le volume que nous présentons au public sous le titre de l'*Électrolyse*, etc., est une traduction fidèle du texte allemand de M. Japing.

Nous en avons cependant supprimé les listes des prix auxquels les machines, piles, vases et accessoires nécessaires aux opérations électrolityques, se vendent en Allemagne, ce qui ne présentait pour nos lecteurs aucun intérêt.

Nous ne manquons du reste pas, en France, de fabricants chez lesquels ils pourront se procurer tous les objets dont ils auront besoin, à des conditions de prix et de qualité au moins aussi favorables, sinon meilleures.

Dans un *Appendice*, que le lecteur trouvera à la fin du livre, nous avons donné la description de quelques procédés, postérieurs à la publication de l'ouvrage en allemand, et quelques notes, qui complètent ce recueil déjà si riche en documents de toute espèce.

Toutes les opérations connues jusqu'à ce jour, concernant l'*électrolyse*, la *galvanoplastie*, l'*analyse électrolytique* des métaux et des minerais, l'*électrométal-*

lurgie, etc. se trouvent décrites dans ce volume qui, bien que petit, présente, par suite de la quantité et de la diversité des renseignements qu'il renferme, autant d'intérêt pour l'ouvrier ou l'industriel, que pour l'inventeur ou le savant.

GEORGES FOURNIER.

PRÉFACE DE L'ÉDITION ALLEMANDE

L'électrolyse et ses applications, sauf la galvanoplastie, pratiquée empiriquement, sont encore inconnues de la majeure partie du public. Les ouvrages même les plus récents sur la chimie, la technologie et la métallurgie ne contiennent que de rares et courtes données sur l'emploi du courant électrique dans l'analyse chimique, qualitative et quantitative, dans la métallurgie et les autres industries. Cependant les documents sont très nombreux, disséminés il est vrai dans les revues spéciales, où ils ont été publiés depuis une dizaine d'années.

Des chimistes et des électriciens éminents se sont adonnés à l'étude de l'électrochimie; ils ont contrôlé les théories précédemment émises, les confirmant ou les développant quelquefois, quelquefois aussi les modifiant et les remplaçant par de nouvelles. L'analyse électrolytique n'était connue que dans quelques laboratoires; aujourd'hui, grâce à la découverte et aux perfectionnements d'un grand nombre de méthodes nouvelles et sûres de détermination et de séparation, elle est devenue une précieuse ressource pour les chimistes et pour les métallurgistes.

L'électrolyse permet de trouver avec une rapidité et une précision extraordinaires la composition quantitative de minéraux et de produits métallurgiques très difficiles à analyser par les anciennes méthodes.

Les procédés sont appliqués en grand aujourd'hui dans les établissements métallurgiques les plus importants. On serait donc mal venu, en présence des installations nouvelles qui lui sont consacrées, à la déclarer inexécutable et dénuée de valeur pratique.

Dans le chapitre qui traite de l'électrométallurgie, j'ai décrit, pour ne rien négliger, quelques opérations qui ne sont pas de l'électrolyse : notamment la fusion des métaux au moyen de la chaleur produite par l'arc voltaïque, dans le four de Siemens : invention si remarquée, et qui est appelée à un si grand avenir ! J'ai expliqué aussi le procédé électromagnétique employé pour retirer, de certaines masses hétérogènes, le fer et d'autres éléments magnétiques.

La galvanoplastie s'est enrichie de toute une série de perfectionnements et de méthodes nouvelles : elle n'était qu'un métier, elle est devenue une industrie scientifique.

Enfin on a imaginé et on imagine encore, tous les jours, un grand nombre d'applications nouvelles et intéressantes de l'électrolyse aux arts et métiers. La plupart d'entre elles ont déjà reçu la sanction de l'expérience. Quant aux autres, il est vrai qu'on n'a pas encore eu le temps de les expérimenter ; mais il est probable que l'épreuve, facile du reste, leur sera favorable, car les théories d'où elles découlent s'épurent de jour en jour.

Il est donc surprenant que personne jusqu'à présent ne se soit avisé de recueillir les indications éparses dans les revues spéciales, les brochures et les grands ouvrages écrits sur l'électricité, pour les contrôler, rechercher la connexion des faits isolés, essayer de les expliquer à l'aide des théories les plus plausibles, pour condenser enfin en un ouvrage spécial le résultat de ces recherches et de ces études.

Telle est la tâche que j'ai entreprise; j'espère que les électriciens me témoigneront quelque indulgence, en considération de la nouveauté et de la difficulté de l'entreprise. S'il était déjà difficile de rassembler tant de documents, il l'était encore davantage d'apprécier la valeur de chacun d'eux et de les réunir tous en un ensemble dont les parties fussent bien reliées les unes aux autres. Peut-être n'ai-je pas toujours réussi à séparer l'ivraie du bon grain. En tout cas, ce n'est pas faute de bonne volonté, et j'ai l'espoir qu'on voudra bien me tenir compte de mes efforts.

J'ai cité partout les noms des inventeurs; quant à l'énumération des sources, elle aurait pris trop de place.

J'adresse ici mes bien sincères remerciements aux nombreux électrotechniciens qui m'ont aidé de leurs renseignements et de leurs conseils dans cette œuvre difficile.

E. JAPING.

TABLE DES MATIÈRES

LISTE DES FIGURES

UNITÉS ÉLECTRIQUES

Unités dont on se sert pour les mesures électriques.

I. *Unités absolues.*

Les unités absolues ou C. G. S. (centimètre-gramme-seconde) sont

1. *Unité de longueur*, 1 centimètre.
2. *Unité de temps*, 1 seconde.
3. *Unité de force*. L'unité de force est la force qui, agissant pendant une seconde sur une masse librement mobile du poids de 1 gramme, communique à cette masse une vitesse de 1 centimètre par seconde.
4. *L'unité de travail* est le travail accompli par l'unité de force parcourant une distance de 1 centimètre. Cette unité, à Paris, est égale à 0 centimètre-gramme, 001 019 15. En d'autres termes, il faut 980,868 unités de force pour élever d'un centimètre le poids d'un gramme.
5. *L'unité de quantité électrique* est la quantité d'électricité qui, agissant sur une égale quantité, éloignée de 1 centimètre, exerce une force égale à l'unité de force.
6. *L'unité de potentiel ou de force électromotrice* existe entre deux points, quand l'unité de quantité électrique, dans son mouvement d'un point à un autre, a besoin de l'unité de force pour surmonter la répulsion électrique.
7. *L'unité de résistance* est l'unité qui ne permet qu'à une unité de quantité de franchir en une seconde deux points entre lesquels existe l'unité de potentiel.

II. *Unités pratiques.*

Les unités, dites *pratiques*, des mesures électriques, sont :

1. Le weber, unité de quantité magnétique $= 10^8$ unités C. G. S.
2. L'ohm[1], — de résistance $= 10^9$ — —

1. 1 ohm est égal à 1.0493 unités Siemens et à peu près égal à la résistance de 48m,5 de fil de cuivre pur, d'un diamètre de 1 millim., à une température de 0°.

3. Le volt[1], unité de force électromotrice $= 10^8$ unités C. G. S.
4. L'ampère[2], — d'intensité $= 10^1$ — —
5. Le coulomb[3], — de quantité $= 10^1$ — —
6. Le watt[4]. — de force $= 10^7$ — —
7. Le farad, — de capacité $= 10^9$ — —

UNITÉS DE RÉSISTANCE

NOM DE L'UNITÉ	C. S. I.	OHM	SIEMENS	LIEUE d'Allemagne fil de fer 4mm	LIEUE de France fil de fer 7mm	LIEUE Anglaise fil de cuivre 1 — 6mm
C. S. I..........	1	10-9	1,05.10-9	18.12-12	105,10-12	74.10^{12}
Ohm...........	10^9	1	1,05	0,018	0,105	0,074
Siemens........	95.10^7	0,95	1	0,017	0,1	0,071
Lieue d'Allemag.	57.10^9	57	60	1	6	4,26
Lieue de France.	$95,10^5$	9,0	10	0,17	1	0,71
Mille anglais....	$13414,10^6$	13,414	14,12	0,235	1,41	1

UNITÉS DE COURANT

NOM DE L'UNITÉ	C. G. S.	AMPÈRE	DANIELL SIEMENS	JACOBI par MINUTE	Argent *mg.* par minute	Cuivre *mg.* par minute
C. G. S.........	1	10	8-5	105-2	676-5	198-6
Ampère.........	0-1	1	0-85	10-52	67-65	19-86
Daniell-Siemens.	0-117	1,17	1	12-31	78-95	23-23
Jacobi..........	0,958	0,095	0,082	1	6-4	1-89
Argent *mg*......	0,148	0.015	0,013	0.156	1	0-29
Cuivre *mg*......	0,502	0,05	0,013	0.529	3-41	1

1. Un volt est inférieur de 5 à 10 pour 100 à la force électromotrice d'un élément Daniell.

2. Le courant qui, sous l'influence d'une force électromotrice de 1 volt, est capable de traverser en une seconde l'unité de résistance, est égal à 1 ampère.

3. On appelle coulomb la quantité d'électricité qui donne un ampère par seconde.

4. Un watt = ampère × volt.

Un *horse power* ou cheval-vapeur anglais $= \frac{\text{ampère} \times \text{volt}}{746}$

Un cheval-vapeur $= \frac{\text{ampère} \times \text{volt}}{735}$

Les unités centimètre-gramme-seconde (C. G. S.) proposées par Thomson et admises par le Congrès, ne sont pas les seules dont on fasse usage : on se sert encore des unités mètre-gramme-seconde (M. G. S) employées par la *British Association* (B. A.) et des unités millimètre-milligramme-seconde (M. M. S.) indiquées par Gauss. Weber. Je donne ci-dessous un tableau d'ensemble qui comprend même des sous-divisions.

	C. G. S.	M. G. S.	M. M. S.	UNITÉS ARBITRAIRES
Mégohm...........	10^{15}	10^{13}	10^{16}	1,0493 unités Siemens.
Ohm...............	10^{9}	10^{7}	10^{10}	
Microhm..........	10^{3}	10	10^{4}	
Mégavolt.........	10^{14}	10^{11}	10^{17}	
Volt...............	10^{8}	10^{5}	10^{11}	0,9 unité D.
Microvolt..........	10^{2}	10^{-1}	10^{4}	
Mégoampère.......	10^{5}	10^{4}	10^{7}	
Ampère, coulomb par seconde.....	10^{-1}	10^{-2}	10	
Microampère......	10^{-7}	10^{-8}	10^{-5}	10,52 unités Jacobi.
Farad.............	10^{-9}	10^{-7}	10^{-10}	
Microfarad.........	10^{-15}	10^{-13}	10^{-16}	

CHAPITRE PREMIER

Le courant électrique et ses effets chimiques

Tout le monde sait ce que l'on entend par électricité et par phénomènes électriques; personne cependant n'a pu jusqu'aujourd'hui définir d'une manière satisfaisante la nature de l'électricité. On peut produire des phénomènes électriques par le frottement réciproque de corps non électriques (électricité de frottement), par la chaleur (thermo-électricité), par le magnétisme (électricité engendrée par des aimants), par le contact de certaines substances et leurs réactions chimiques (électricité de contact, électricité galvanique). Les phénomènes électriques présentent des contrastes bien tranchés; pour distinguer les phénomènes opposés, on leur donne le nom d'électricité positive et d'électricité négative. Des phénomènes électriques peuvent se produire même dans des corps non électriques lorsqu'on en approche des corps électriques (phénomènes d'induction ou d'influence).

Un corps ne change d'état électrique qu'en cédant ou en prenant de l'électricité à d'autres corps. Dans ces deux cas, la quantité totale d'électricité reste toujours la même; l'un des corps perd exactement autant d'électricité positive que l'autre en gagne; il gagne autant d'électricité négative que l'autre en perd. Cette compensation entre les états électriques des deux corps se produit par une série de phénomènes dont on désigne l'ensemble par le nom de *courant électrique*; cette compensation effectuée, le courant électrique cesse. Il y a des moyens, non seulement de maintenir invariables, dans les deux corps, des états électriques inégaux, mais aussi de conserver inaltérée la différence entre ces états, ou, comme on a coutume de dire, la différence de potentiel de ces deux corps. Alors l'électricité s'écoule incessamment, avec une égale intensité, entre les deux corps et produit un courant électrique constant ou stationnaire.

Nous examinerons plus loin en détail les divers moyens de produire un courant électrique constant. Le plus simple de ces moyens, c'est l'emploi des piles électriques. Dans l'élément que représente la figure 1 on distingue trois corps cylindriques dans un vase de verre: le zinc Z, le vase d'argile poreux T, et un anneau de cuivre K. Le liquide dans lequel plonge le cuivre se compose d'une solution assez concentrée de sulfate de cuivre; dans le vase poreux il y a du sulfate de zinc ou de l'acide sulfurique étendu. Les bandes de tôle, *p* et *m* fixées, l'une au cuivre, l'autre au zinc, ainsi que la vis *s*, servant à réunir ce cuivre et ce zinc aux éléments suivants ou aux fils conducteurs. Quand plusieurs de ces éléments Daniell sont ainsi réunis les uns aux autres, ils forment une pile Daniell; l'extrémité *cuivre* de la pile est électrisée *positivement*, l'extrémité *zinc négativement*. Quand on réunit les deux extrémités, soit de la pile, soit de l'élément, par un fil, ce fil commence à être traversé par un courant électrique qui augmente très rapidement et qui devient constant. Ce courant circule toujours dans le même sens; *dans les solutions il va du zinc au cuivre, dans le fil il va du cuivre au zinc*. Que l'on coupe le fil, le courant cesse; avec des instruments délicats, on peut alors constater et mesurer une différence de potentiel entre les deux pôles. Le potentiel au pôle cuivre est plus élevé que le potentiel au pôle zinc. Lorsqu'on réunit les fils, à nouveau, en d'autres termes lorsqu'on referme le circuit, cette différence détermine la formation du courant électrique; on l'appelle *force électromotrice* de l'élément ou de la pile. La force électromotrice d'une pile est égale à la somme des forces électromotrices des divers éléments.

On peut diviser tous les corps connus en trois classes, par rapport à la manière dont ils se comportent à l'égard des courants électriques : il y a les *conducteurs*, les *électrolytes* et les corps *diélectriques*. A la première classe, celle des corps conducteurs, appartiennent les métaux, les alliages métalliques, un grand nombre de sulfures et de peroxydes, le charbon de cornue, le sélénium cristallin, etc. Ils conduisent le courant sans être décomposés ni altérés par lui; mais leur conductibilité diminue avec l'élévation de la température. — Les électrolytes sont presque exclusivement des liquides; ils conduisent aussi le courant, mais ils sont alors décomposés, comme nous le verrons plus loin, en leurs éléments chimiques : la conductibilité augmente avec l'élévation de la température. — Les corps diélectriques enfin ne conduisent pas du tout l'électricité, ou, s'ils la conduisent, ce n'est que très peu, à un degré négligeable dans la pratique. De ce nombre sont tous les gaz et toutes les

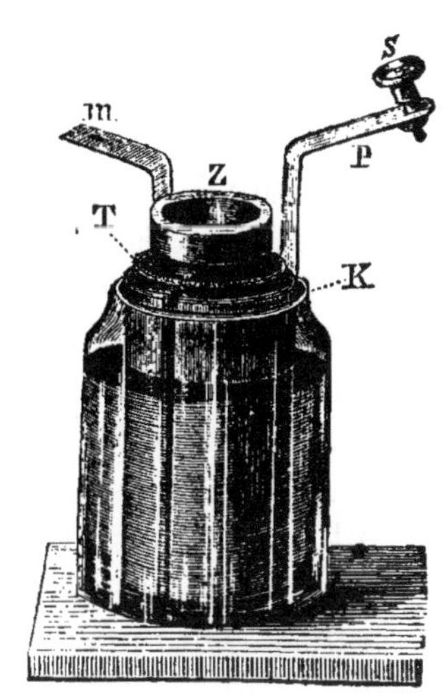

Fig. 1.

vapeurs, la térébenthine, le naphte, la paraffine fondue et d'autres corps analogues, le diamant, le sélénium amorphe; enfin, un grand nombre de substances composées, fixes, sont des électrolytes quand elles sont fondues.

L'art dont nous allons nous occuper dans ce volume repose sur la propriété que possède le courant électrique de décomposer certains liquides en les traversant. Dans ce phénomène, les éléments du corps composé liquide se déposent près du point de sortie du courant. Il faut, du reste, pour chaque liquide, un courant d'une intensité particulière.

Cette décomposition par le courant électrique s'appelle *électrolyse;* c'est pour évoquer l'idée de ce phénomène qu'on a donné le nom d'*électrolytes* aux substances qui sont décomposées par le courant. On appelle *électrodes* le point d'entrée et le point de sortie du courant; *anode* l'électrode par laquelle le courant entre dans l'électrolyte, *cathode* l'électrode par laquelle le courant en sort.

On ne tarde pas à voir que la décomposition ne se produit qu'aux électrodes et qu'à chacune d'elles il ne se sépare que l'un des corps en lesquels l'électrolyte se décompose. On appelle *ion* chacun de ces produits de décomposition. L'ion qui se sépare à l'*anode* s'appelle *anion;* celui qui se sépare à la *cathode* s'appelle *cation*. Enfin la conductibilité de l'électrolyte pour le courant décomposant s'appelle *conductibilité électrolytique* ou conductibilité par électrolyse. Dans la pratique, ces noms sont fréquemment remplacés par les anciennes désignations : *anode* est remplacé par *pôle électro-positif*, cathode par *pôle électro-négatif*, *cation* par *radical électro-positif*, *anion* par *radical électro-négatif*.

D'après la loi de Faraday, *le nombre d'équivalents électro-chimiques d'un électrolyte, mis en liberté par un cou-*

rant pendant un certain laps de temps, est égal au nombre d'unités d'électricité que le courant fait passer, dans ce même laps de temps, à travers une section de l'électrolyte. L'équivalent électro-chimique de cet énoncé est la quantité d'électrolyte décomposée par l'unité de courant dans l'unité de temps. Si l'on prend pour unité d'électricité la mesure absolue indiquée au commencement de cet ouvrage, on peut exprimer en grammes les équivalents électro-chimiques. Les équivalents électro-chimiques sont proportionnels aux équivalents chimiques, qui indiquent les proportions selon lesquelles les substances se combinent les unes avec les autres; ils varient avec l'unité de quantité électrique que l'on adopte.

Comme je l'ai déjà fait observer, les deux corps dont se compose l'électrolyte n'apparaissent qu'aux électrodes, quand le courant détruit la combinaison; par conséquent, si l'on prend pour mesure de l'électrolyse qui se produit dans une section de l'électrolyte, les équivalents chimiques des ions qui traversent la section dans des directions opposées, on trouve que la quantité de travail électrolytique effectuée est proportionnelle à la quantité d'électricité qui traverse la surface.

Selon Maxwell, on peut comparer le mouvement des ions à celui des gaz ou des liquides se diffusant les uns dans les autres; seulement lors de la diffusion les substances différentes se mélangent et forment ainsi une masse non homogène, tandis que lors de l'électrolyse les éléments de l'électrolyte se réunissent chimiquement après leur séparation, de sorte que l'électrolyte reste toujours homogène. Ce qui, dans la diffusion, imprime à une substance un mouvement selon une direction déterminée, c'est la diminution, selon cette direction, de la quantité de substance qui se trouve dans une unité de volume; dans l'électrolyse, c'est la force électromotrice agissant sur les molécules chargées d'électricité de chacun des deux ions. On a déterminé avec grand soin les équivalents électro-chimiques de la plupart des métaux. En voici le tableau ci-contre :

Selon Joule, un Weber décompose 0 gr., 00092 d'eau, en produisant 1 mc., 711 de mélange détonant, mesuré à 0°C, et à la pression atmosphérique ordinaire.

Selon Weber et Kohlrausch, l'équivalent électrochimique de l'eau = 0,0009375.

Bunsen a trouvé 0,0009260 et Casselmann 0,0009371.

Beaucoup de personnes admettent la valeur moyenne 0,000931 ; mais il est plus fréquent d'admettre la valeur de Joule et de déterminer l'équivalent électrochimique des corps les plus importants en en multipliant le poids moléculaire par l'équivalent électrochimique de l'hydrogène, 0,0001022; on obtient ainsi les valeurs mentionnées page 7.

NOM DU CORPS	POIDS ATOMIQUE	ATOMICITÉ	ÉQUIVALENT électro-chimique	NOM DU CORPS	POIDS ATOMIQUE	ATOMICITÉ	ÉQUIVALENT électro-chimique
			Gramme.				Gramme.
Aluminium . . .	27,5	3	0,000937	Cuivre	63,5	2	0,003245
Antimoine . . .	122,0	3	0,004156	Magnésium. . .	24,0	2	0,001226
Arsenic	75,0	3	0,002555	Manganèse. . .	55,0	2	0,002811
Barium	137,0	2	0,007001	Sodium	23,0	1	0,002351
Plomb.	207,0	2	0,010578	Nickel	59,0	2	0,003015
Bore	11,0	3	0,000375	Phosphore . . .	31,0	3	0,001056
Brome	80,0	1	0,008176	Platine	197,0	4	0,005034
Calcium . . .	40,0	2	0,002044	Mercure	200,0	2	0,010222
Chlore	35,5	1	0,003628	Oxygène. . . .	16,0	2	0,000817
Chrome	52,2	3	0,001778	Soufre.	32,0	2	0,001635
Fer	56,0	2	0,002862	Argent	108,0	1	0,011038
Fluor.	19,0	1	0,001942	Silicium. . . .	28,0	4	0,000715
Or.	197,0	3	0,006711	Azote.	14,0	3	0,000477
Iode	127,0	1	0,012979	Hydrogène . . .	1,0	1	0,000102
Potassium . . .	39,0	1	0,003986	Zinc	65,2	2	0,003332
Cobalt.	58,8	2	0,003005	Étain	118,0	2	0,006031
Carbone. . . .	12,0	4	0,003070				

CHAPITRE II

Théorie de l'électrolyse.

Quelle est la cause de l'électrolyse?

Les explications données par divers savants s'écartent considérablement les unes des autres. Il n'y a pas actuellement de théorie contre laquelle on ne puisse élever quelque objection, car nous ne savons encore rien de positif sur l'électricité elle-même et sur les courants électriques. Je vais cependant reproduire les traits principaux de la théorie que Clausius a donnée dans les *Poggendorf's Annalen;* c'est la plus répandue et la plus propre à éclaircir les phénomènes électrochimiques.

Clausius admet que les parcelles les plus petites de tous les corps sont constamment en mouvement, que dans les corps solides elles se meuvent autour de positions d'équilibre déterminées, mais que dans les liquides elles changent constamment de place en tournoyant et en se heurtant — même quand elles paraissent être au repos — que, de plus, elles ne sont pas forcées de revenir à leur position primitive. Les liquides composés sont formés d'aggrégats des petites parcelles des éléments qui les composent, de molécules pouvant, par l'effet de chocs réciproques, se séparer les unes des autres, pour se réunir en molécules semblables avec d'autre parcelles de matière devenues libres. Tel est l'état dans lequel se trouvent les liquides composés qui sont soumis à l'action du courant électrique. Mais, tandis qu'auparavant les directions de mouvement des éléments moléculaires étaient complètement arbitraires et pouvaient par conséquent s'équilibrer dans tous les sens, les parcelles de matière électrisées positivement par le courant ont plus de tendance à se rendre à la cathode, et les parcelles électrisées négativement ont plus de tendance à se rendre à l'anode; les unes et les autres doivent donc être considérées déjà comme des anions et des cations à l'état de parcelles. Mais ces ions, avant d'arriver à la cathode ou à l'anode, rencontreront encore, plus ou moins fréquemment selon la distance, des parcelles d'anion ou de cation allant en sens inverse et se réuniront avec elles en molécules du liquide composé, jusqu'à ce que, mis en liberté par un nouveau choc, ils puissent continuer leur route. Arrivée à la cathode, la parcelle de cation ne trouve aucune parcelle d'anion avec laquelle elle puisse se réunir à nouveau en une molécule d'électrolyte; de même la parcelle d'anion ne trouve à l'anode aucune parcelle d'anion avec laquelle elle puisse se réunir. Les deux ions restent donc en liberté à leurs électrodes respectives, tandis que l'électrolyte ne subit pas de modification sensible au milieu.

Comme je l'ai déjà fait remarquer au commencement, il faut, pour décomposer un électrolyte déterminé, que le courant atteigne une certaine intensité, — il faut, en d'autres termes, une force électromotrice déterminée.

Le courant, s'il n'atteint pas cette intensité, est conduit, selon son intensité, par l'électrolyte, conformément à la loi de Ohm, puisque l'électrolyte fait partie d'un circuit. De plus, le courant dirige, dans une certaine mesure, le déplacement précédemment décrit des molécules de l'électrolyte; cependant les ions proches des électrodes ne sont pas assez fortement attirés pour ne pas se combiner avec les ions voisins, de polarité contraire. L'attraction électrique des ions chargés d'électricités contraires constitue la résistance de l'électrolyte au passage du courant électrique et provoque un courant opposé au premier. Ce second courant, dit *courant de polarisation*, joue un grand rôle, nous le verrons plus tard, dans la formation des piles secondaires ou accumulateurs. Quelquefois les ions s'accumulent aux électrodes en quantité telle que l'on peut observer le courant de polarisation ainsi produit; c'est ce que l'on exprime en disant que les *électrodes* sont *polarisées*.

Maxwell se sert du courant de polarisation pour décider si un corps appartient ou non à la classe des électrolytes. Il l'insère dans le circuit en prenant pour électrodes des bandes de platine; après l'y avoir laissé quelque temps, il le retire et il le relie immédiatement à un galvanomètre. Si cet instrument accuse un courant de sens contraire à celui du premier, c'est la preuve que le premier a décomposé la substance électrolytiquement et en a accumulé les ions aux électrodes respectives. Cette méthode suffit même là où par des recherches chimiques on ne peut que déceler difficilement la présence des ions aux électrodes.

La théorie de Clausius suffit parfaitement pour expliquer le mode d'action du courant électrique; elle explique aussi pourquoi un seul et même corps conduit ou ne conduit pas l'électricité, selon qu'il se trouve à l'état solide ou que, soit par fusion, soit par dissolution, il se trouve à l'état liquide; en effet, s'il n'est pas à ce dernier état, ses plus petites parcelles ne peuvent pas se déplacer. Cette théorie peut-elle rendre compte de l'électrolyse et des courants électriques? Ses adversaires prétendent que cela est impossible, et en tout cas ses partisans n'y sont point encore parvenus. Provisoirement, et faute de mieux, elle nous suffira.

Avant de parler de l'électrolyse, je dois signaler certains phénomènes de polarisation qui se produisent dans l'électrolyse et qui sont assez importants.

Lossier admet que le mouvement des molécules polarisées d'un électrolyte détermine, à l'intérieur de ce dernier, des courants d'induction ou une force électromotrice de sens contraire à celle du courant; pour le prouver, il insère un galvanomètre dans le circuit et lorsqu'il atteint une valeur finale, il renverse le courant; il prétend que le galvanomètre accuse alors des courants d'induction. Mais Guillaume, en comparant la déviation de l'aiguille du galvanomètre dans les divers cas, a trouvé que le prétendu courant de réaction était, en tout cas, plus petit que le courant provenant de la polarisation des électrodes. Guillaume démontre par le calcul que les hypothèses de Lossier renferment des contradictions.

Quand on électrolyse du sulfate de sodium (Na^2SO^4) dans un tube en U ou dans une capsule au milieu de laquelle se trouve une cloison poreuse, il se dégage, à la cathode, de l'oxygène et SO^3, — à la cathode de l'oxyde de sodium et de l'hydrogène. Mais si l'on décompose cette substance dans le bain ordinaire, on n'observe à l'anode que de l'oxygène, on n'observe que de l'hydrogène à la cathode : les mêmes substances et exactement dans les mêmes quantités que si l'on avait pris simplement, pour électrolyte, de l'acide sulfurique étendu. Les substances que l'on trouve aux électrodes en se servant du bain ordinaire ne sont pas les ions de l'électrolyse, mais des produits secondaires, provenant de la réaction chimique exercée par ces ions sur l'électrolyte. Quand régnait l'ancienne théorie des sels, on pouvait admettre que le sulfate de soude se décomposait en Na^2O et SO^3, tandis que le dissolvant, l'eau, se décomposait en oxygène et en hydrogène. S'il en était ainsi, le même courant qui, dans l'acide sulfurique étendu, ne décompose qu'un équivalent d'eau, décomposerait en outre dans le sulfate de sodium un équivalent de ce sel, ce qui est contraire à la loi des équivalents électrochimiques.

En partant de la formule $SO^4 + Na^2$, on admettra facilement que SO^4 se rende à l'anode, y soit mis en liberté et se décompose aussitôt en SO^3 et en O, tandis que le sodium se rend à la cathode et y décompose l'eau de dissolution, en formant un équivalent d'oxyde de sodium Na^2O et deux équivalents d'eau. Les ions seraient donc, dans ce cas, SO^4 et Na^2, bien qu'on ne voie aux électrodes que de l'oxygène et de l'hydrogène.

Il a un grand nombre de corps dont on ne connaît pas encore bien aujourd'hui les propriétés électrolytiques; ainsi on ne sait pas si l'eau pure est ou n'est pas un électrolyte. Sa conductibilité est notablement accrue par les plus faibles traces de certains corps étrangers, aussi les résultats trouvés par les divers observateurs diffèrent-ils considérablement les uns des autres; on ne sait donc auquel de ces résultats ajouter foi. Autrefois on admettait, sans hésitation, que l'eau était un électrolyte; l'électrolyse de l'eau est même donnée comme exemple dans la plupart des ouvrages classiques. Ce qui prouve qu'on avait tort, c'est que, plus l'eau est pure, plus elle résiste au passage du courant et à l'électrolyse. Pour cette raison et pour d'autres raisons encore, il est au moins douteux que l'eau pure soit conductrice de l'électricité.

Le fait que tous les composés chimiques ne sont pas des électrolytes prouve que les phénomènes électriques ne sont pas les seules conditions de la formation de combinaisons chimiques. Ainsi, deux métaux, même bons conducteurs, même suffisamment éloignés l'un de l'autre dans la série de tension pour l'électricité de contact, formeront en se combinant, un corps qui même à l'état de fusion ne sera pas décomposé par le courant. Lorsque les substances qui constituent généralement les anions se combinent entre elles, elles forment des combinaisons qui, pour la plupart, ne sont pas conductrices, — qui, par conséquent, ne sont pas des électrolytes. Il y a en outre un certain nombre de combinaisons qui sont formées des mêmes substances que les électrolytes, mais dans d'autres proportions, et qui ne sont pas des électrolytes.

Quand on soumet à l'action du courant une solution étendue d'eau oxygénée, si la force électromotrice est suffisante, il se dégage de l'oxygène à l'une des électrodes, de l'hydrogène à l'autre; avec une petite force électromotrice, celle que fournit par exemple un élément zinc-cadmium, il y a bien encore dégagement d'oxygène à l'électrode positive, mais il n'y a pas dégagement d'hydrogène à l'électrode négative. Dans ces conditions l'électrolyse ressemble à la décomposition spontanée du bioxyde, mais elle est plus rapide. La décomposition de l'eau oxygénée peut se produire de deux manières différentes : ou bien il y a dédoublement en oxygène et en hydrogène, ou bien, ce qui est plus vraisemblable, il y a une réaction secondaire, l'hydrogène séparé se combine avec de l'eau oxygénée non décomposée et forme deux molécules d'eau :

$$H^2 + H^2O^2 = 2H^2O.$$

En tout cas, le résultat final est

$$2H^2O^2 = 2H^2O + O.$$

Il se dégage 46 calories, car $H^2O^2 = H^2 + O^2$ absorbe

47,4 calories, tandis que $H^2 + H^2O^2 = 2\,H^2O$ dégage 90,6 calories. Par conséquent, cette forme d'électrolyse peut être opérée avec une force électromotrice excessivement petite. Lorsque la force électromotrice est égale à celle d'un élément de Daniell, il se dégage de l'hydrogène et de l'oxygène, et le dégagement simultané des deux gaz est d'autant plus abondant que la force électromotrice est plus grande. La force électromotrice d'un élément Daniell est le résultat d'une réaction qui dégage 49 calories, c'est-à-dire un peu plus que n'en absorbe la décomposition de l'eau oxygénée en ses éléments. — Que, du reste, l'eau oxygénée commence ou non par se décomposer en oxygène et en hydrogène, il n'y a à tenir compte que des derniers produits, lorsqu'on veut calculer le minimum de force électromotrice dans ce cas comme dans tous les autres cas d'électrolyse. Pour la même raison, la présence de l'acide chlorhydrique étendu ne change rien au résultat.

Les deux modes d'électrolyse dont nous venons de voir un exemple peuvent se produire simultanément : Berthelot l'a déjà démontré pour les sulfates de fer et de manganèse en constatant les changements qui se produisent dans le rapport entre les quantités d'hydrogène et d'oxygène dégagées. Avec une force électromotrice plus grande que celle qui suffit pour la décomposition de l'eau, la décomposition est complète, et le rapport de l'hydrogène dégagé à l'oxygène s'améliore au fur et à mesure des progrès de l'électrolyse.

G. Janececk a électrolysé des solutions de chlorure de potassium pour rechercher si, dans l'électrolyse de solutions salines, le sel se décompose seul, ou l'eau seule, ou si tous deux se décomposent en même temps. Il a constaté que la quantité du potassium séparé est plus faible que la quantité d'argent séparé du nitrate d'argent fondu, dans le voltamètre, ce qui, vu la loi de Faraday, n'est possible que si le dissolvant subit une décomposition primaire.

A chaque unité de courant électrique traversant un électrolyte correspond la décomposition d'un équivalent électro-chimique tant de l'électrolyte que de la solution contenue dans les éléments de la pile qui produit le courant. Pour déterminer la force mécanique dépensée dans ces conditions, on la transforme en chaleur, on mesure cette chaleur et on la multiplie par son équivalent mécanique. D'après Joule, la quantité de chaleur qui se développe dans les éléments d'une pile est plus petite que celle qui correspondrait aux phénomènes chimiques s'y accomplissant. Mais la quantité de chaleur qui manque se retrouve complètement dans le circuit extérieur. Le rapport de la chaleur qui se développe dans la pile à la chaleur qui apparaît dans le circuit extérieur est inverse au rapport des résistances que la pile et le circuit intérieur opposent au passage du courant.

A chaque unité d'électricité traversant le circuit extérieur correspond la décomposition d'un équivalent électro-chimique; l'effet chimique peut donc servir de mesure à la quantité d'électricité; mais, comme la quantité de chaleur correspond aussi à la décomposition d'un équivalent électro-chimique, il en résulte la loi suivante, due à Thomson :

En mesure absolue, la force électromotrice d'un appareil électro-chimique est égale à l'équivalent mécanique de l'action chimique à laquelle est soumise un équivalent électro-chimique du liquide contenu dans l'appareil.

D'après une communication de Berthelot, la force électromotrice d'un élément zinc-charbon plongé dans l'acide sulfurique étendu diminue très rapidement par l'effet de la polarisation; l'effet chimique de cet élément diminue proportionnellement. La force électromotrice, qui se manifeste au moment de la fermeture du circuit (d'un élément zinc-charbon = 1,37 Daniell) prend, après avoir diminué rapidement, une valeur à peu près constante. Si l'on ouvre à intervalles déterminés le circuit de l'élément zinc-charbon, on constate les valeurs suivantes :

1° Au commencement de la réaction.

Élément zinc-charbon : élément zinc-platine = 1,76 : 1

Élément zinc-charbon : élément Daniell 1,29 : 1

Élément zinc-charbon = élément Daniell + élément zinc-cadmium.

2° Au bout de quelques minutes :

Élément zinc-charbon : élément Daniell = 0,995 : 1

Deux éléments zinc-charbon < trois éléments zinc-platine.

3° Au bout de quelques heures :

Élément zinc-charbon : Élément Daniel = 0,83 : 1

Élément zinc-charbon = élément zinc-platine.

4° Au bout de 36 heures :

Deux éléments zinc-charbon < un élément Daniell.

Quand on rouvre le circuit fermé depuis quelque temps, on constate une petite augmentation de la force électromotrice; quand, par exemple, le circuit a été fermé quelques minutes, puisqu'on l'interrompt pour insérer l'électromètre, afin de comparer avec un élément Daniell, on trouve d'abord le nombre proportionnel 0,67 qui, au bout de peu de temps, s'élève à 0,98. L'élément zinc-charbon reprend sa force électromotrice primitive quand on laisse reposer le charbon dans de l'eau fraiche que l'on change souvent.

La réaction électrolytique d'un élément zinc charbon

est théoriquement égale à une énergie intérieure de 24,5 × 1,3 = 32 calories. La pratique montre cependant que deux éléments zinc-charbon, par exemple, qui théoriquement devraient fournir 64 calories, décomposent une certaine quantité de sulfate de potassium, dont l'électrolyse n'exige que 51,5 calories. Au bout de quelques heures la force électromotrice de deux éléments zinc-charbon est descendue au-dessous de celle de deux éléments Daniell (49 calories); alors la réaction sur le sulfate de potassium a pris fin. S'il n'y a plus que deux éléments zinc-platine (36 à 38 calories) qui correspondent à ces éléments, ces deux éléments zinc-charbon peuvent encore décomposer de l'eau acidulée (34,5 calories). Il faudrait, pour réagir sur le sulfate de potassium, recourir à deux éléments zinc-cadmium (38 × 16 = 54 calories). On voit que l'activité chimique de l'élément zinc-charbon est exactement proportionnelle à la force électromotrice. Les réactions chimiques provoquées par les forces électromotrices de divers éléments ne sont pas les mêmes; ainsi deux éléments zinc-platine sont indifférents par rapport au sulfate de potassium qui est décomposé par des éléments zinc-charbon.

M. D. Tommasi a présenté récemment à l'Académie des sciences un mémoire concernant *l'influence que l'électrode positive* d'une pile exerce sur le travail chimique accompli par cet élément. Voici le sens, mais non le texte, de son mémoire :

« J'ai constaté dans mes travaux ce fait singulier que la force électromotrice[1] d'un seul et même élément, est très différente, selon que l'électrode positive de cet

1. Expression qui se trouve dans le mémoire au lieu de l'expression équivalente : travail chimique.

élement est en platine ou en charbon. Un élément, par exemple, qui ne serait pas capable d'opérer l'électrolyse de l'eau ou d'une solution saline, à moins que le nombre de calories mises en liberté par l'élément ne l'emporte sur le nombre de calories exigées par la décomposition chimique, — cet élément, pourvu que son électrode positive fût en platine, suffirait parfaitement pour produire cette décomposition si l'électrode positive était en charbon. Comme ce fait est de la plus haute importance au point de vue des règles que je voudrais établir pour les relations entre les calories mises en liberté par la pile et les calories consommées par la décomposition électrolytique, j'ai voulu contrôler ces relations en détail ; je suis arrivé aux résultats suivants :

« Un élément de magnésium, platine et acide sulfurique étendu devrait, d'après le rapport des unités de chaleur, être à même de décomposer l'eau; en effet le nombre des calories dégagées par la réaction du magnésium sur l'acide sulfurique étendu (112) est plus grand que le nombre (69) des calories nécessaires pour la décomposition de l'eau. Cependant la décomposition n'a pas lieu, même quand on remplace le platine de la pile par du cuivre ou de l'argent. Mais si l'on emploie pour électrode positive avec cet élément un cylindre de plombagine ou de noir animal, l'électrolyse de l'eau se produit immédiatement.

« Selon Berthelot (*Comptes rendus* du 7 novembre 1881) deux éléments zinc-platine avec de l'acide sulfurique étendu ne peuvent décomposer une solution de sulfate de potasse. Par contre, en prenant deux éléments zinc-charbon avec de l'acide sulfurique étendu, j'ai pu opérer, en quelques minutes à la température ordinaire, l'électrolyse d'une solution saturée de sulfate de potasse, avec fort dégagement de gaz aux deux électrodes platine, et avec accumulation de l'acide à l'électrode positive, de la base à l'électrode négative. Il faut, selon Berthelot, 103 calories au moins pour électrolyser une solution de sulfate de potasse, tandis que j'ai opéré cette décomposition avec 76 calories et même moins, c'est-à-dire en employant deux éléments zinc-charbon dans l'acide chlorhydrique étendu, lesquels ont dégagé 69,8 calories, par la réaction de chaque molécule de zinc amalgamé sur l'acide chlorhydrique étendu. Un seul élément de zinc-charbon et d'acide sulfurique étendu suffit pour décomposer le sulfate de potasse quand l'électrode du voltamètre est en cuivre; mais la décomposition n'a pas lieu, quand cette électrode est en charbon.

« J'ai soumis plusieurs sels à l'électrolyse, et j'ai opéré, pour cela, de la manière suivante : Les solutions salines contenaient un excès de sel; les fils de platine du voltamètre avaient 0mm., 4 de diamètre et plongeaient de 300 à 400 millimètres dans le liquide. Les électrodes charbon étaient en plombagine de Sibérie ou en noir animal qui avait été préalablement chauffé au rouge, dans un flacon fermé, avec de l'air, de l'azote ou mieux encore de l'acide carbonique. Pour obtenir de bons résultats, il faut que le charbon ou le graphite reste au moins six heures en contact avec l'acide carbonique. La présence de ce gaz dans les pores du charbon n'a pas d'autre objet que de ralentir la polarisation, et conséquemment de rendre l'action plus intense et de lui donner une plus longue durée. »

Plus loin Tommasi donne un long tableau des résultats qu'il a obtenus dans ses expériences pour lesquelles il se servait de deux éléments zinc-charbon, avec acide sulfurique étendu, fournissant 77,4 calories. Ces deux éléments produisirent l'électrolyse d'une série de sels, dont la décomposition, selon l'opinion générale, aurait exigé l'emploi d'un bien plus grand nombre de calories.

Pour résoudre ces apparentes contradictions, Berthelot a présenté à l'Académie des sciences les observations suivantes :

« Un élément zinc-charbon ne peut être considéré comme ayant la même valeur qu'un élément zinc-platine, sous le rapport de la quantité de chaleur qui est dégagée par les réactions produisant le courant voltaïque. Car il ne faut pas considérer seulement la chaleur dégagée par l'action réciproque du zinc et de l'acide en présence du charbon. Le charbon, dans les conditions mentionnées, produit des phénomènes spéciaux et en partie très compliqués. Il absorbe l'hydrogène, l'oxygène, et d'autre part il exerce des influences très variées tant par son carbone que par les corps étrangers qu'il renferme. C'est ce que montrent clairement les expériences de Becquerel sur la force électromotrice de ces éléments.

« Je pourrais ajouter que les effets calorifiques correspondant aux réactions électrolytiques ne sont produits que par la dilution des liquides. Les effets qui se produisent — dans les solutions salines saturées — par la séparation de très petites quantités d'acides et de bases ne peuvent être exprimées numériquement d'une façon aussi exacte. Les principes du calcul sont bien les mêmes, mais les hypothèses sont défectueuses. »

Je donne plus loin les forces électromotrices de diverses piles, telles qu'elles sont indiquées par des électriciens éminents ; je commence par reproduire un calcul du travail consommé par l'électrolyse, selon Deprez, qui l'a publié dans *La lumière électrique*.

Dans ces calculs, I désigne l'intensité du courant que produit la décomposition, Σ l'équivalent chimique de la substance à décomposer (hydrogène $= 1$), e la force contre-électromotrice développée aux électrodes, r la résistance de tout le circuit, y compris la solution électrolytique. — L'intensité, la force électromotrice et la résistance sont exprimées en unités absolues, c'est-à-dire en ampères, en volts et en ohms. Le travail développé en une seconde par la force contre-électromotrice de l'électrolyte correspond à l'expression $\frac{e\mathrm{I}}{g}$. D'autre part, le travail dégagé sous forme de chaleur lors du passage du courant par le bain est $\frac{r\mathrm{I}^2}{g}$, de sorte que le travail par seconde est égal à

$$\frac{e\mathrm{I} + r\mathrm{I}^2}{g}$$

et par heure à

$$\frac{3600}{g}(e\mathrm{I} + r\mathrm{I})$$

Or, nous savons que la quantité d'argent précipitée par un courant de 1 ampère est de 0 kgr. 004 environ par heure, et que, d'autre part, l'équivalent de l'argent étant 108, la quantité de tout autre métal précipitée par l'intensité de 1 ampère par heure a pour expression

$$0{,}004 \times \frac{\Sigma}{108}$$

Pour l'intensité I, on a

$$0{,}004 \frac{\Sigma}{108} \mathrm{I} = p$$

$$\text{d'où } \mathrm{I} = \frac{27000\,p}{\Sigma}.$$

Substituons à I la valeur indiquée plus haut, nous

obtenons pour le travail total développé en une seconde l'expression :

$$T = \frac{97\,200\,000\,pe}{g\Sigma} + \frac{729\,000\,000\,rp^2}{g\Sigma^2}$$

En remplaçant g par sa valeur 9,81, il vient :

$$\frac{T}{p} = 9\,910\,000\,\frac{e}{\Sigma} + 74\,310\,000\,\frac{rp}{\Sigma^2}$$

équation qui représente le travail absorbé par la précipitation de 1 kilogramme du métal en question.

On voit que le travail nécessaire pour la décomposition de 1 kilogramme de l'électrolyte augmente avec la vitesse de la décomposition. Par conséquent, si nous admettons que cette vitesse soit très petite et que la résistance du bain soit très faible, on peut négliger le dernier terme de la dernière formule et l'on obtient, comme limite inférieure du travail,

$$\frac{I}{p} = 9\,910\,000\,\frac{e}{\Sigma}\text{ kilogrammètres.}$$

Appliquons cette expression à la décomposition de l'eau : Σ sera égal à 9, et e sera égal à 1,75 (selon Blavier). De là résulte :

$$\frac{T}{p} = 1\,925\,000\text{ kilogrammètres.}$$

Ce nombre ne concorde pas avec celui que l'on déduit de la quantité de chaleur dégagée par la combinaison de 1/9 de kilogramme d'hydrogène avec 8/9 de kilogramme d'oxygène. On peut en conclure que le nombre 1,75 n'est pas exact ou que les deux gaz produits par la décomposition de l'eau se trouvent, par l'effet du passage du courant électrique, dans un état moléculaire anormal. On trouve en effet le nombre 1 636 000 kilogrammètres en calculant l'équivalent mécanique de la quantité de chaleur dégagée pendant la formation de 1 kilogramme d'eau.

La différence entre ce nombre et le nombre calculé plus haut est de 289 000 kilogrammètres ; elle est donc très considérable, et il serait très intéressant de savoir à quelles causes il faut l'attribuer.

CHAPITRE III

Piles électriques et piles thermo-électriques employées pour l'électrolyse.

Il y a trois genres de générateurs d'électricité qui peuvent servir pour l'électrolyse. On choisit tel ou tel de ces générateurs, selon la quantité de travail à accomplir. Pour les opérations de laboratoire, pour les petits travaux galvanoplastiques, on a avantage à se servir de piles électriques et de piles thermo-électriques ; pour les grandes opérations, il vaut mieux employer les machines à produire de l'électricité en grand. Cependant les piles ne sont pas encore abandonnées, et même on s'en sert dans la plupart des cas. C'est pourquoi je vais les décrire avec quelques détails.

La pile primitive, la pile de Volta, n'est qu'une petite colonne verticale de plaques de zinc et de plaques de cuivre séparées par des disques de carton ou de drap imbibés d'une solution, soit de chlorure de sodium, soit d'acide sulfurique étendu. Il y a deux manières de les disposer : quelquefois la pile commence en bas par une plaque de zinc (représentant le pôle négatif), et se termine en haut par une plaque de cuivre (pôle positif); quelquefois on adopte la disposition inverse. Ces piles ont un inconvénient : la pression des plaques métalliques expulse le liquide du conducteur intermédiaire et diminue ainsi la conductibilité. La pile à tasses de

Volta (figure 2 A) est exempte de cet inconvénient, chacun des éléments de cette pile se trouvant dans un récipient particulier. Cependant cette modification n'est plus usitée. On a inventé encore d'autres modifications qui ont eu le même sort.

Au nombre de ces éléments aujourd'hui démodés on peut citer la spirale de Hare : deux plaques parallèles de cuivre et de zinc, enroulées en spirale l'une autour de l'autre et isolées. On place cette spirale, qui est munie

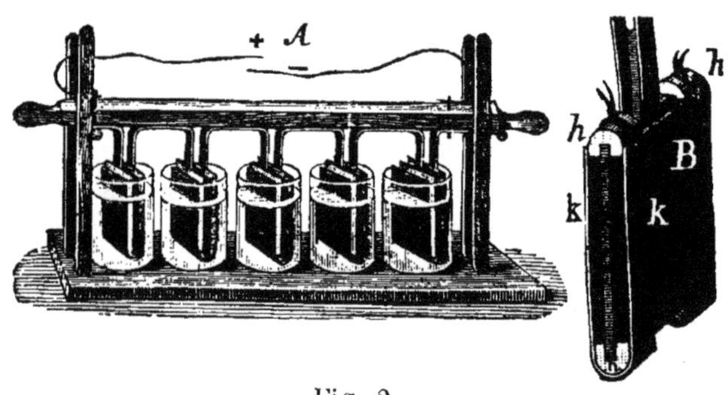

Fig. 2.

d'un manche, dans un bocal contenant de l'acide sulfurique étendu (1 d'acide pour 10 à 12 d'eau).

Dans les éléments de Wollaston, on trouve une plaque de cuivre *k* (fig. 2 B) recourbée autour d'une plaque de zinc *z* et séparée de cette dernière par des planchettes de bois *h* : le tout dans un bocal quadrangulaire contenant de l'acide sulfurique au même degré de dilution que dans la pile précédente.

Bagration, en mettant les plaques dans du sable imbibé d'eau, a fourni le moyen de transporter l'appareil sans perdre de liquide. Dans les bureaux de télégraphe d'Angleterre on trouve çà et là des piles analogues.

Dans tous ces appareils l'intensité du courant diminue

plus ou moins rapidement : d'une part à cause du travail chimique qui se produit à l'intérieur, même pendant l'interruption, d'autre part à cause du changement du liquide, et enfin par polarisation.

Le travail chimique intérieur provient de ce que le zinc n'est pas pur ; ce métal contient lui-même d'autres métaux. On admet que ceux-ci forment avec le zinc de petites piles voltaïques, à circuit fermé. L'amalgamation du zinc, en produisant une surface homogène, a permis de remédier à cet inconvénient. Les bulles d'hydrogène qui se dégagent quand le courant est interrompu adhèrent à cette surface si fortement que, au bout de peu de temps, elle paraît recouverte comme d'un voile d'hydrogène qui empêche le contact et l'action ultérieure du liquide. L'amalgamation a également l'avantage d'empêcher le liquide d'attaquer le zinc inutilement pendant l'interruption du courant. Pour obtenir un enduit uniforme, on plonge le zinc dans une solution de bichlorure de mercure (8 parties pour 10 parties d'acide chlorydrique et 100 parties d'eau), puis on frotte un peu. Schade recommande l'emploi d'un récipient en bois, enduit de poix intérieurement, reposant verticalement sur deux traverses, et dont les dimensions intérieures permettent tout juste l'introduction d'une plaque de zinc. Ce récipient est rempli de mercure jusqu'au tiers environ. Quant on y plonge les plaques, après les avoir laissées en contact pendant deux ou trois minutes avec de l'acide sulfurique étendu, le mercure monte et les recouvre.

Quant à la modification subie par le liquide, elle consiste en ce que l'hydrogène est peu à peu remplacé par du zinc. On peut diminuer notablement cette transformation : il faut pour cela employer au lieu d'eau acidulée une solution de sulfate de zinc et renouveler le liquide continuellement et périodiquement.

J'ai déjà indiqué en quoi consiste l'influence de la polarisation. On peut y obvier provisoirement en écartant de l'électrode les bulles de gaz avec un pinceau. Mais il est préférable de prendre, au lieu de plaques polies, des plaques à surface rugueuse, auquelles les bulles de gaz adhèrent moins ; ainsi, quand on emploie des plaques de cuivre, le courant diminue moins rapidement, car les bulles de gaz se détachent plus facilement de leur surface. — Smee prépare les plaques d'argent ou de platine pour sa pile en les plaçant dans un pot de verre ou de terre rempli d'eau acidulée et en ajoutant un peu de chlorure de platine ; dans le même pot se trouve un vase poreux qui contient de l'eau acidulée et une lame de zinc. On fait ensuite communiquer au moyen d'un métal le zinc et la plaque à préparer. Les faces rugueuses de cette plaque d'argent ou de platine se recouvrent comme d'une poudre noire par l'effet de cette préparation. Lorsque cette plaque est en contact, dans de l'eau acidulée, avec une plaque de zinc amalgamé, les bulles de gaz se dégagent très facilement, ce qui diminue pour longtemps la polarisation.

La seule manière d'éviter complètement la polarisation, c'est de placer la plaque qui provoque un dégagement d'hydrogène dans une solution réductible par l'hydrogène : c'est donc d'employer dans chaque élément deux liquides différents, comme on le fait, nous l'avons vu, dans l'élément Daniell, représenté fig. 1. Cet élément, inventé en 1836, fournit un courant très constant. Il faut placer dans la solution de sulfate de cuivre un vase renfermant des cristaux de sulfate de cuivre. Ces cristaux, en se dissolvant, entretiennent constamment le liquide au degré de saturation voulu.

On remplace ces cristaux au fur et à mesure par de nouveaux cristaux, et chaque jour on enlève du sulfate de zinc qu'on remplace par de l'eau pour maintenir la saturation convenable. Les bords du vase poreux et ceux du bocal de verre extérieur doivent être exempts de précipités salins, car ces précipités forment facilement des combinaisons perturbatrices et détériorent les vis de pression. Le sulfate de cuivre ne doit pas contenir de fer; il faut au besoin l'en débarrasser par addition d'ammoniaque et par filtration. Le cuivre ne doit pas toucher le zinc ni reposer sur le fond du vase extérieur. Dans le cas contraire, du cuivre métallique se déposerait sur les parois du cylindre poreux et celui-ci finirait par se fendre. Un grand inconvénient des piles Daniell, indépendamment du travail pénible qu'exige le fréquent renouvellement du liquide, c'est que des parties de la solution de sulfate de cuivre pénètrent peu à peu par osmose dans la solution de sultate de zinc, s'y décomposent et produisent sur le zinc un précipité de cuivre.

Heiser et Schmidt fabriquent des éléments transportables, de 12 cent. de hauteur. Dans cette forme particulière d'éléments Daniell, le cylindre de zinc et le cylindre de cuivre sont placés dans un panier qui renferme en même temps le bocal et le vase poreux. Pour monter cet élément transportable, voici comment on procède : On place dans le bocal le cylindre de cuivre et le vase poreux avec le zinc, on introduit du sulfate de cuivre par morceaux de la grosseur d'un pois et on verse de l'eau; dans le vase poreux, on verse de l'acide sulfurique étendu de 20 fois son volume d'eau. — Keiser et Schmidt fabriquent aussi un élément Daniell dont les autres parties sont disposées dans l'ordre inverse: le pôle cuivre et le sulfate de cuivre sont dans le vase poreux, le pôle zinc a la forme d'un anneau, et l'eau acidulée se trouve dans le bocal.

Grove, en 1839, a remplacé le cuivre par du platine et la solution de cuivre par l'acide nitrique concentré (à 30° B. au moins). Dans cet élément, l'hydrogène mis en liberté au pôle platine se combine avec une partie de l'acide nitrique pour former dé l'eau et des vapeurs nitreuses.

Au commencement la force électromotrice de l'élément de Grove est deux fois aussi grande que l'élément Daniell, de dimensions égales, mais elle est loin d'être aussi constante, car le liquide du pôle platine se modifie, il se dilate par formation d'eau; mais on peut y remédier par addition d'acide sulfurique concentré qui attire l'eau formée. Pour atténuer l'influence excessivement défavorable que les vapeurs acides exercent sur la santé des ouvriers et sur toutes les parties métalliques qui se trouvent dans l'atelier, on entoure l'élément avec de la chaux éteinte, et l'on recouvre le tout d'une boite percée d'un grand nombre de trous.

A la place du platine qui est cher, Bunsen, en 1842, prit du charbon de cornue ou des charbons cylindriques préparés pour cet usage avec de la poudre de coke et du goudron. La préparation consiste à mouler les cylindres, à les saupoudrer de charbon pulvérisé, à les calciner dans les moules, à les plonger — après refroidissement — dans une solution de sucre ou de thériaque, à les dessécher, à les calciner et à les soumettre à la même série d'opérations jusqu'à ce qu'ils paraissent compactes et homogènes. Le cylindre de charbon est entouré, à sa partie supérieure, par un anneau de cuivre qui est relié aux autres cylindres de la pile par une vis de pression. On peut aussi établir la jonction simplement en fixant le fil à l'aide d'une pince au cylindre de charbon, ou en enfonçant un cône de cuivre dans un évidement conique au bord supérieur du charbon, ou en produisant par la galvanoplastie un dépôt de cuivre au bout du cylindre de charbon et en soudant le fil conducteur sur ce dépôt. La force électromotrice de la pile de Bunsen est égale à celle de la pile de Grove.

On fabrique des variétés excessivement nombreuses de ces éléments zinc-charbon ou éléments de Bunsen.

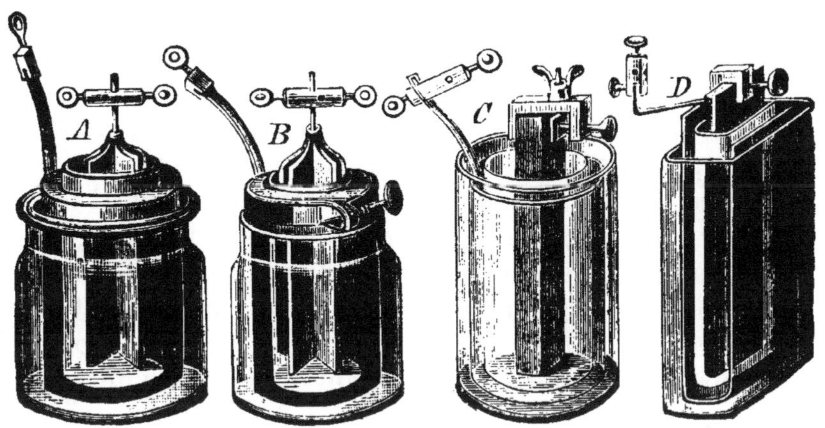

Fig. 3.

Ces piles diffèrent en ce que le charbon ou le zinc est placé soit dans le liquide intérieur, soit dans le liquide extérieur; elles diffèrent par la forme; elles diffèrent aussi par le liquide avec lequel on les remplit, l'acide nitrique étant remplacé par l'acide sulfurique, par l'acide chromique, etc. — Michall et Panagiotis S. Azapis d'Athènes, emploient comme liquide extérieur la décoction de quassia ou la solution de sulfate de quinine (environ 0 gr. 216 de quinine pour 36 grammes d'eau).

La figure 3 représente diverses formes d'éléments de Bunsen. A est à cylindre creux de charbon et à garniture de plomb; B, le même élément, mais avec armature de cuivre, facile à retirer; C, élément à plaque de charbon de construction spéciale, à pôle prismatique de charbon de cornue et à armature de laiton, facile à enlever; D, élément à plaques de charbon dans un vase de verre rectangulaire, de 20 centimètres de hauteur.

Cloris Baudet emploie deux vases poreux placés l'un dans l'autre; ces deux vases sont remplis d'acide nitrique; le charbon est placé dans le vase intérieur.

Voici, selon Mauri, un procédé pour préparer un charbon très conducteur et électronégatif. On mélange du soufre pur, avec un poids égal de plombagine très finement pulvérisée, et on chauffe dans une chaudière jusqu'à ce que le soufre soit complètement fondu. Il faut veiller à ce que la température ne dépasse pas 20 degrés. Lorsque la masse paraît bien liquide, on la verse dans un moule de la grandeur et de la forme voulues, et on y introduit immédiatement un fil de cuivre, épais, recourbé en zigzag, en ne laissant dépasser qu'un petit bout de fil. On laisse la masse se refroidir lentement à l'air, après quoi le charbon est prêt à servir. Quand on veut obtenir une plus grande résistance, il suffit d'employer plus du soufre. La poudre de coke ne peut remplacer la plombagine.

Pour ce qui concerne les vases poreux, il est très important qu'ils aient la porosité convenable; ils doivent être assez tendres pour qu'on puisse les érailler avec un canif. Pour les essayer on y verse de l'eau, et on observe le laps de temps nécessaire pour que l'eau vienne suinter à la surface; si l'eau passe trop vite, ils ne peuvent pas servir. Une excellente précaution, c'est de vernir ou d'enduire de paraffine le fond et les bords qui dépassent le liquide, pour les rendre imperméables.

On ferait bien d'appliquer, sur le fond, des enveloppes de gutta-percha, pour empêcher les vases poreux de se déformer pendant qu'on les manipule. Les vases poreux qui ont servi ne doivent pas être conservés secs,

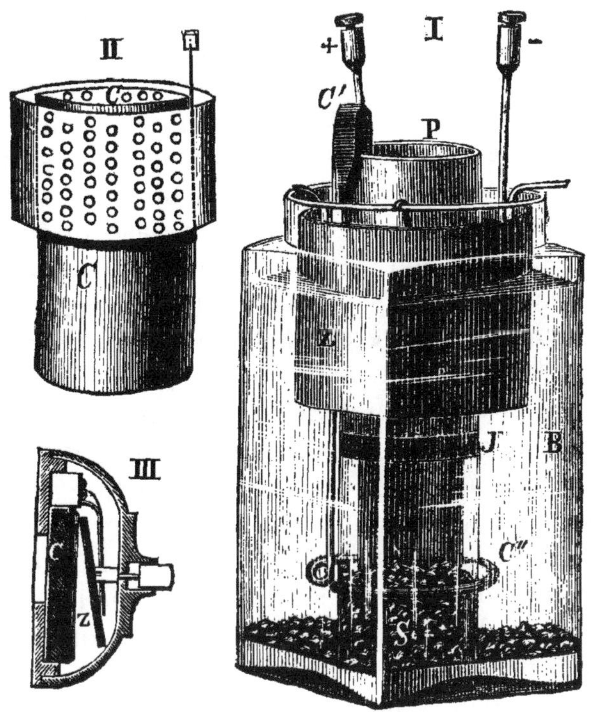

Fig. 4.

mais ils doivent être maintenus dans l'eau, pour que les sels qu'ils ont absorbés ne cristallisent pas, ce qui pourrait faire éclater les vases.

Parmi les nouveaux éléments au sulfate de cuivre, celui de Gaiffe, représenté fig. 4, I, est construit de manière à empêcher l'action du zinc sur le sulfate de cuivre tant que le circuit n'est pas fermé, et à fonctionner d'une manière uniforme et économique. Le système se compose d'un vase B, à la partie supérieure duquel est suspendu le cylindre de zinc Z, comme dans l'élément de Callaud, décrit plus loin, du vase moyen, consistant en un cylindre poreux, PJ, et en une sorte de verre à boire, JS, qui lui sert de support. Le cylindre de cuivre, G, qui se trouve dans ce vase moyen, a un prolongement, C'C'', qui recourbé en arrière arrive jusqu'au fond du vase extérieur B et s'y termine en un anneau. Cet élément est rempli d'une solution concentrée de sulfate de zinc et de sulfate de magnésie, tandis que quelques cristaux de sulfate de cuivre reposent en S sur le fond du vase intérieur. Le sulfate de cuivre, en se dissolvant, sature d'abord le liquide contenu dans la partie non poreuse, JS, du vase intérieur; il traverse ensuite la paroi poreuse, et, en vertu de sa plus grande densité, il tombe au fond du vase extérieur B en dehors de la sphère d'action du zinc. Seulement cette migration du sulfate de cuivre se produit très lentement, en sorte que, même au bout de plusieurs semaines, quand le circuit n'est pas fermé, on ne remarque aucun précipité de cuivre ou de zinc. Mais, quand le courant est fermé, cet élément réduit d'abord le sulfate de cuivre tombé au fond du vase extérieur, en sorte que le liquide reprend bientôt sa pureté primitive, et le phénomène se continue exactement comme dans un élément Daniell ordinaire.

L'élément à sulfate de cuivre, d'Ernst Kuklo, de Stettin (fig. 4, II), se compose d'un cylindre de cuivre, G, et d'une partie plus large. Le cylindre intérieur, C, qui sert en même temps de pôle cuivre, est percé d'un grand nombre de trous à la hauteur du renflement, de sorte qu'une partie du liquide versé dans le cylindre C pénètre dans ce renflement. Dans ce vase de cuivre, on met, au lieu d'un vase de terre poreuse, un cylindre de papier parchemin. Ce cylindre repose sur une plaque et sur un anneau en matière isolante, réunis par des tiges de la même matière. Autour de cette carcasse on dispose un tuyau de papier parchemin, et on l'applique hermétiquement contre la plaque ainsi que contre l'anneau au moyen de bagues de caoutchouc qu'on fait glisser sur le système. Dans cette espèce de sac, on introduit une bande de zinc et une solution de chlorure de sodium. Dans le vase de cuivre G, on verse une solution de sulfate de cuivre, et, dans le renflement, des cristaux de sulfate de cuivre.

Parmi les autres éléments qui ont été proposés pour l'electrolyse, je mentionnerai encore celui de Minotto, avec un disque de cuivre reposant sur le fond d'un vase de verre ou d'ébonite. Un fil de cuivre est soudé sur le bord de ce disque; ce fil vertical est protégé par un enduit de gutta-percha ou par un petit tube de verre placé par-dessus. Pour remplir l'élément, on place sur ce disque une couche de sulfate de cuivre pulvérisé, de un décimètre d'épaisseur, une couche de sable quartzeux, de poussière de brique ou de verre, ou même une couche de laine ou de sciure de bois de un centimètre d'épaisseur, puis une épaisse plaque de zinc à laquelle est soudée une tige de cuivre, également verticale, et enfin assez d'eau pour que le zinc soit encore recouvert. Le seul soin qu'exige un élément de ce genre, c'est que l'on remplace de temps en temps l'eau qui s'évapore et le sulfate de cuivre quand ce dernier a complètement disparu. Siemens et Halske emploient, au lieu de la couche de sable, un diaphragme de pâte à papier traitée d'abord par l'acide sulfurique, puis par l'eau. Un tube de verre traverse ce diaphragme et descend en s'élargissant jusqu'au fond du bocal; c'est par ce tube que l'on introduit les morceaux de sulfate de cuivre. La feuille de cuivre est recourbée de manière à former plusieurs spires. L'eau acidulée doit toujours aller jusqu'au bord supérieur de l'anneau de zinc et être renouvelée toutes les trois semaines, laps de temps approximatif. Il faut veiller à ce que le tube de verre soit toujours plein de sulfate de cuivre.

L'élément de Gregor Scrivanov, de Paris, représenté figure 4, III, se compose d'une plaque de charbon comprimé, d'une plaque de zinc amalgamée avec soin et d'une plaque dépolarisante adaptée à la plaque de charbon. La masse servant à préparer cette plaque se compose de dix parties pondérales de chlorure double de mercure et d'ammonium, $m\,Hg\,Cl^2 n\,NH^4\,Cl$, de trois parties de chlorure de sodium, d'un quart de partie de chlorure d'argent. On ajoute à ce mélange une solution faiblement acide de chlorure de zinc à 50 degrés jusqu'à ce qu'il forme une pâte ferme. On paraffine la plaque de charbon, et par-dessus la paraffine on étend cette pâte en une couche épaisse et uniforme. On enveloppe le tout de cinq à six couches de papier à filtre suédois imbibé d'une solution de parties égales de chlorure de zinc et de chlorure de sodium. En reliant cette plaque à la plaque de zinc, on obtient, paraît-il, un élément très constant.

La pile électrique de la *Société anonyme la Force et la Lumière*, de Paris, se compose de plusieurs récipients *a a* (figure 5) en forme de troncs de cône, engagés les uns dans les autres et séparés par des blocs *c*. Le récipient inférieur repose sur un bloc *b*; le récipient supérieur contient un bloc *d*, qui en réduit le volume, de manière à le rendre égal à celui des autres. Les électrodes sont *e* et *f*. Dans les éléments à deux liquides, elles sont séparées l'une de l'autre par des couches de feutre *g*. Les électrodes des divers vases sont reliées alternativement les unes avec les autres par des fils conducteurs *i*.

Dans les piles secondaires chacun des récipients de plomb forme l'électrode positive de l'un des éléments et en même temps l'électrode négative du couple voisin. L'élément supérieur et l'élément inférieur font exception et n'agissent chacun que par un côté.

Trouvé place, dans un cylindre de verre, entre un disque de cuivre et un disque de zinc, des disques de papier d'un diamètre un peu plus petit, et il les humecte : du côté zinc, avec une solution de sulfate de zinc ; du côté cuivre, avec une solution saturée de sulfate de cuivre. Il recouvre le tout de plaques d'argile. Il assure que l'élément ainsi préparé peut servir pendant un an, sans être renouvelé.

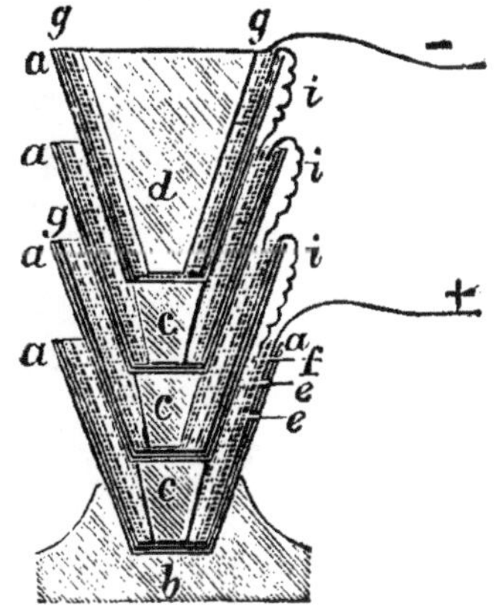

Fig. 5.

Parelle et Vérité renversent sur l'auge poreuse un ballon de verre plein d'une solution saturée et de cristaux de sulfate de cuivre ; l'orifice du ballon doit se trouver un peu au-dessous du niveau du liquide.

Callaud verse une solution de sulfate de cuivre sur la plaque de cuivre inférieure, puis il répand par-dessus, sans aucun intermédiaire, de l'eau distillée, qui en vertu de sa moindre densité, flotte sur la solution et ne se mélange que peu à peu avec elle, du moins à l'état de repos. Le zinc est suspendu par de petits crochets, au bord du verre, ou repose sur un étranglement de ce dernier.

Une idée analogue a inspiré la construction de

l'élément de Meidinger aujourd'hui très répandu. Cet élément est représenté figure 6. Sur la paroi d'un vase de verre AA repose un anneau de zinc ZZ, sur lequel se trouve la pièce de communication *ck*. Dans un verre

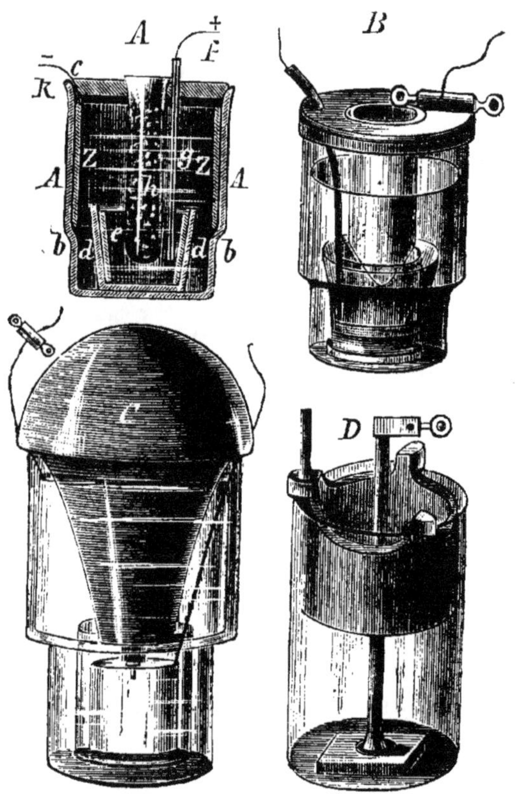

Fig. 6.

plus petit, *dd*, qui se trouve au fond du grand récipient, est engagé un anneau de plomb, *e*, qui sert de pôle négatif, auquel est fixé le fil métallique *gf* enveloppé de gutta-percha et allant à l'extérieur. Le grand récipient est fermé au moyen d'un couvercle de bois, de liège ou de gutta-percha ; à ce couvercle est suspendu un tube de verre qui descend à peu près jusqu'à la moitié du verre intérieur.

Le cylindre est ouvert par en haut, et dans le fond il a une petite ouverture, du diamètre d'un pois environ. Pour monter la pile, on remplit tout le récipient avec une solution, étendue de sulfate de magnésie (une partie de sel pour quatre à six parties d'eau de pluie) puis on remplit le tube de verre avec des cristaux de sulfate de cuivre. La solution, étendue de sulfate de magnésie, a naturellement pénétré de bas en haut dans ce cylindre. Le sulfate de cuivre forme, dans cette solution diluée, une solution concentrée; celle-ci, par l'effet de sa plus grande densité, s'écoule par la petite ouverture, et remplit le verre qui se trouve au-dessous d'elle, jusqu'au milieu, c'est-à-dire jusqu'à la hauteur à laquelle le cylindre y descend. La moitié inférieure du pôle plomb se trouve donc dans une solution de sulfate de cuivre que sa densité supérieure empêche de monter plus haut dans le verre intérieur et d'arriver jusqu'au zinc en dehors de ce verre. Si l'on ferme le circuit, le zinc se dissout, d'une part, tandis que, d'autre part, le cuivre se dépose sur le cylindre de plomb. Au fur et à mesure que la solution de sulfate de cuivre s'affaiblit ainsi, une solution concentrée venant du tube y pénètre. L'élément garde ainsi longtemps sa constitution primitive et reste constant pendant au moins un an, pourvu que, de deux semaines en deux semaines à peu près, on ajoute quelques cristaux de sulfate de cuivre. La figure 6, B et D, montre les formes les plus récentes de cet élément.

Keiser et Schmidt fabriquent la forme B, de 150 millimètres de hauteur, avec une vis de pôle. Dans C l'entonnoir est remplacé par le ballon *o*. L'eau doit arriver jusqu'en haut de la partie sphérique ; on obtient ce résultat en fermant l'orifice du ballon avec le doigt, pendant qu'on place le ballon dans le verre. Cette modification se fait de deux grandeurs différentes : 150 et 220 millimètres de hauteur sans ballon. — D représente une forme simplifiée, usitée dans l'administration des télégraphes en Allemagne.

Anderson prend du zinc et du charbon. Le zinc *z* (figure 7) est enveloppé d'une solution d'ammoniaque dans un vase poreux ; le charbon *k* se trouve avec de l'oxalate de chrome et de potasse en présence de bichromate de potasse et d'acide chlorhydrique. On peut aussi prendre un oxalate avec de l'acide chlorhydrique ; par exemple, de l'oxalate de cuivre ou d'ammoniaque avec du bichromate de potasse : il se forme alors de l'oxalate de chrome et de potasse. Mais il est préférable d'ajouter de l'acide oxalique à une solution de bichromate de potasse, jusqu'à ce que l'effervescence ait pris fin et d'évaporer ensuite la solution : on obtient alors des cristaux d'oxalate de chrôme et de potasse. On dissout alors parties égales de ce sel et de bichrômate de potasse dans de l'acide chlorhydrique pur. Il est préférable de régler la pile en introduisant les cristaux de bichromate de potasse dans le tube de verre *p*, sur l'orifice inférieur duquel est appliquée une feuille de platine perforée ou une toile de platine, à

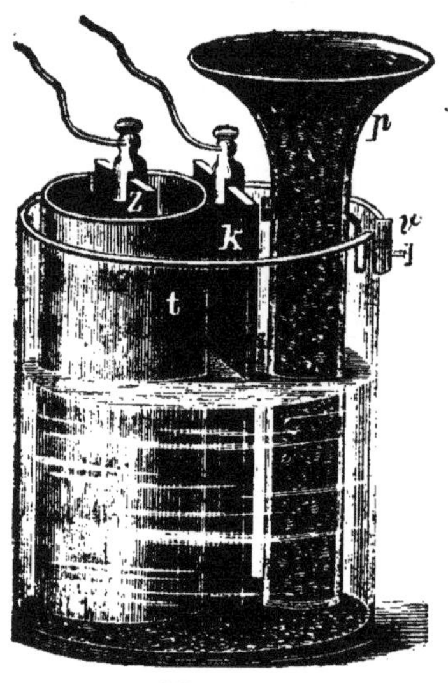

Fig. 7.

moins que ce tube ne soit percé de trous au fond et sur les côtés. On peut élever ou abaisser ce tube de verre au moyen de la vis *v*, selon que l'on veut dissoudre plus ou moins de cristaux, ou selon que l'action de la pile doit être plus ou moins énergique. Pour empêcher le dégagement de la vapeur qui s'élève des acides, on recouvre les solutions acides avec une couche d'huile ou une couche de poudre de charbon de bois.

Dans les éléments de Marié Davy (figure 8 A) le

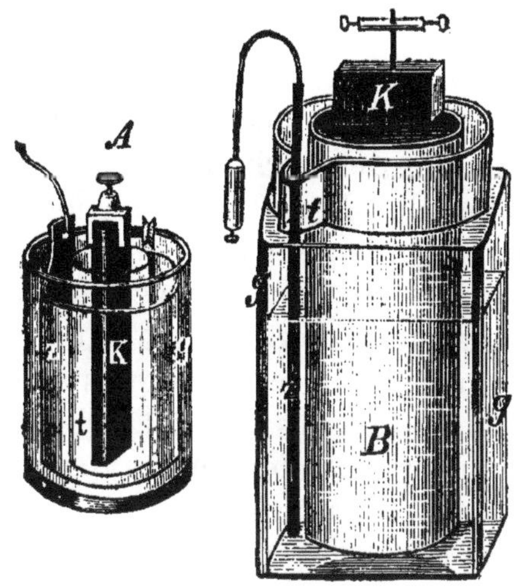

Fig. 8.

charbon K, entouré de sulfate de protoxyde de mercure délayé avec de l'eau, est dans le vase poreux *t*; le cylindre de zinc *z* est dans un bocal *g* rempli d'eau.

Les éléments Leclanché ont généralement la forme que représente la figure 8 B. Dans un vase de verre prismatique *g*, dont le col est cylindrique et forme bec en *t*, se trouve une bande de zinc, plongée dans une solution de chlorure d'ammonium (sel ammoniac). L'espace entre le prisme de charbon K et le vase poreux est rempli de morceaux de bioxyde de manganèse mélangés de menu charbon. Il se forme du chlorure de zinc dans l'espace intérieur, de l'ammoniaque et de l'hydrogène dans l'espace extérieur, et cet hydrogène en contact avec le bioxyde de manganèse, forme du sesquioxyde et de l'eau. Le verre doit être enduit de suif ou de graisse sur les bords. Le liquide doit s'élever jusqu'aux deux tiers de sa hauteur; l'élément agit alors d'une façon très constante et peut servir assez longtemps ; il faut démonter complètement les éléments épuisés.

Parmi les diverses modifications de cet élément, on remarque particulièrement celles sans diaphragme, dans lesquelles la plaque de charbon est reliée à une ou deux plaques de bioxyde de manganèse comprimé.

Schade recommande pour la dorure, l'argenture, etc., un élément de nikel et de zinc, avec de l'acide nitrique étendu. Les plaques de zinc amalgamées sont l'une en face de l'autre; des lignes obliques se détachent en relief sur chacune de leurs faces. La plaque principale porte à son bord supérieur deux appendices qui font saillie par en haut et latéralement et qui, lorsqu'on la plonge dans le bocal de verre, s'appuient sur le bord de ce bocal. Chacun de ces appendices porte en avant une saillie plus petite pourvue d'une rainure, pour suspendre l'autre plaque de zinc, et par en haut une pointe de cuivre à laquelle sont adaptées les vis de pôle et par laquelle le courant sort des plaques. L'une de ces pointes est reliée métalliquement à la plaque de zinc et sert de pôle positif. Quant à l'autre pointe séparée du zinc par une enveloppe de caoutchouc, le zinc ne fait que lui fournir un appui qu'elle n'aurait pas trouvé dans la mince plaque de nikel; cette autre pointe sert de pôle négatif.

Entre les deux plaques de zinc se trouve la plaque de nikel platinée, avec deux appendices en feuilles de cuivre, dont l'un, le plus court, isolé par une enveloppe de caoutchouc, s'appuie sur la plaque de zinc, tandis que l'autre, s'appuyant sur la pointe de cuivre dont j'ai déjà parlé, est maintenu contre cette pointe par des vis. La plaque de zinc et la plaque de nikel doivent être maintenues séparées métalliquement l'une de l'autre; à cet effet, des bandes de caoutchouc sont adaptées aux deux bouts. Les vis de pression doivent être fixées solidement aux pointes de cuivre. L'autre trou sert à fixer les fils qui sont destinés à conduire l'électricité jusqu'à l'auge à dorure galvanoplastique. — Pour faire marcher l'élément, on le suspend dans le bocal rempli d'acide sulfurique étendu jusqu'aux trois quarts de sa hauteur environ. Le mélange acide excitateur est formé de une partie d'acide pour sept parties d'eau, ou mieux dix parties d'eau, car il se dégage alors assez de force électrique et l'amalgame est moins attaqué. Lorsque le travail est terminé, on retire l'élément lentement de l'acide, on le plonge dans l'eau pure ou on lance dessus un jet d'eau pure. Cette précaution est importante parce que l'acide qui resterait suspendu en gouttes se concentrerait par évaporation de l'eau et troublerait ainsi l'amalgamation.

Faure, pour éviter les vapeurs acides de l'élément Bunsen, a supprimé le vase poreux; le charbon, qui a la forme d'un vase cylindrique, contient l'acide nitrique et est fermé par un bouchon de charbon.

Callaud remplace le charbon par du fer. Ce fer est plongé dans un mélange d'acide sulfurique et d'acide nitrique, où il se recouvre d'une couche d'oxyde insoluble qui le protège contre l'oxydation ultérieure et le rend passif.

Schœnbein remplace le zinc de l'élément de Grove par une plaque de fer, qu'il attaque par l'eau acidulée, et le platine par une plaque de fer; il plonge cette dernière dans l'acide nitrique concentré.

Uelsmann emploie dans sa pile fer-zinc, au lieu d'acier ou de fer ordinaire, une fonte à 12 pour 100 de silicium et davantage.

Dans l'élément de Korosen l'acide nitrique est remplacé par du permanganate de potassium avec 1/30 d'acide sulfurique.

Delaurier met deux plaques de charbon, reliées l'une à l'autre, dans une solution de chromate de fer, préparée de la manière suivante : remuer 1 kilogramme de ce sel avec 2 kil. 6 d'eau chaude pendant 15 minutes, puis avec 1 kil. 16 d'acide sulfurique jusqu'à dissolution complète, enfin au bout de 12 heures ajouter encore 1 kil. d'acide sulfurique. Cet élément ne coûte que peu de frais d'entretien. Son action est énergique et durable; il ne dégage pas de gaz : aussi l'emploie-t-on volontiers pour la dorure, l'argenture et d'autres travaux galvanoplastiques.

Dans les piles au chlorure de chaux le pôle négatif est une plaque de zinc, le pôle positif un charbon. Le zinc plonge dans une solution de chlorure de sodium; (sel marin); le charbon, entouré de chlorure de chaux, est dans un vase poreux en terre ou en papier parchemin. Toutes les combinaisons qui peuvent se former sont solubles; le zinc ne s'use pas pendant que la pile est ouverte, et l'odeur du chlorure de chaux ne peut incommoder, car le bocal est fermé par un bouchon dans lequel il y a une ouverture pour verser l'eau.

Wœhler a décrit dans les *Liebig's Annalen* un élément à l'aluminium. Cet élément est curieux en ce que les deux électrodes sont des plaques d'aluminium. Il donne un courant assez fort. Cet élément se compose d'un bocal de 15 centimètres de haut, rempli d'acide chlorhydrique étendu ou d'une solution de soude caustique, et contenant un vase poreux creux dans lequel se trouve de l'acide nitrique concentré. Dans le bocal et dans le vase poreux il y a un cylindre d'aluminium muni d'un appendice qui traverse le couvercle et qui sert de pièce de contact pour les électrodes ou fils conducteurs. Dès que les cylindres d'aluminium sont plongés dans les liquides, il se produit un courant assez fort pour faire rougir un fil de platine.

Grenet fixe symétriquement deux morceaux de charbon sur la face interne du couvercle de bois ou d'ébonite qu'il visse sur un bocal de verre contenant une solution de 25 parties de bichromate de potassium dans 25 parties d'acide sulfurique et 450 parties d'eau; entre les deux morceaux de charbon il fait passer une bande de zinc qui s'appuie contre une mince tige passant à frottement par le milieu du couvercle et pouvant être fixée à la hauteur que l'on veut, au moyen d'une vis spéciale. En plongeant le zinc plus ou moins dans le liquide, on peut faire varier à volonté l'intensité du courant: on peut le porter au maximum en descendant le zinc aussi bas que possible, on peut le réduire à zéro en le retirant complètement.

Ces éléments forment la transition entre ceux que nous avons déjà passés en revue et les éléments à immersion que nous examinerons plus loin.

G. Wehr, de Berlin, fabrique des éléments à flacons, semblables à ceux que nous venons d'examiner (fig. 9. A). Il fait spécialement ceux qui servent aux travaux d'électrolyse dans le laboratoire. On trouve chez lui cinq dimensions différentes. — Dans le plus grand modèle toutes les paires de plaques sont relevées quand l'élément est au repos : on les abaisse quand on veut faire marcher l'élément. Dans les plus petits modèles, la plaque de zinc seule est mobile. — Keiser et Schmidt fabriquent aussi des éléments de 110 millimètres de hauteur, s'arrêtant eux-mêmes et n'agissant que tant qu'on presse sur le bouton qui communique avec la plaque de zinc. Ils construisent également des éléments à plaques

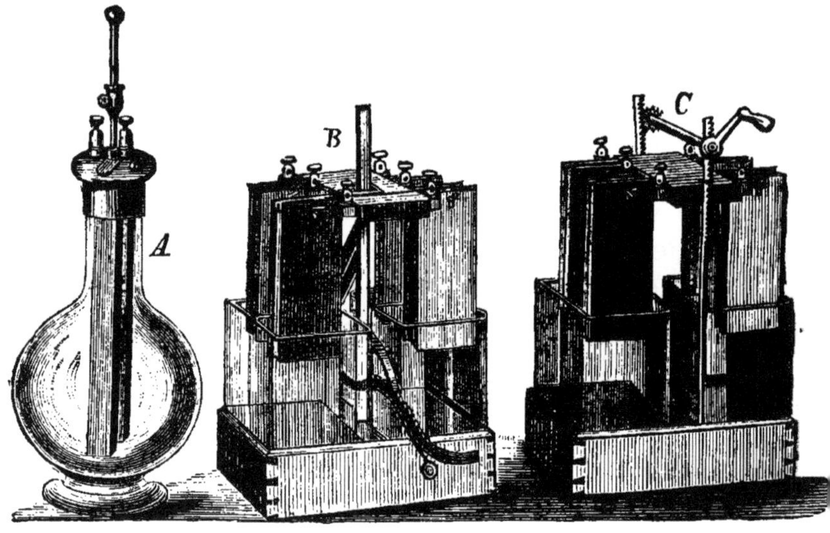

Fig. 9.

de charbon, de 100 et 150 millimètres de hauteur, sans diaphragme, dans lesquels la tige de zinc et la tige de charbon sont engagées dans le couvercle ; quand on cesse de se servir de la pile on enlève le couvercle, ce qui revient à enlever le zinc et le charbon.

Les éléments à immersion proprement dits sont pourvus d'un levier (fig. 9 B) ou d'une manivelle (fig. 9 C) pour retirer les paires de plaques. Les plaques de charbon et de zinc ont généralement 18 centimètres sur 8. La solution se compose de 92 centimètres cubes de bichromate de potassium pour 93,5 d'acide sulfurique et 900 d'eau.

Dans ces éléments comme dans les éléments à flacons, le courant qui se produit par formation de chromate de zinc est d'abord assez fort; mais il diminue par l'effet

Fig. 10.

de la polarisation qui est très considérable. On a essayé de diminuer la polarisation en chassant au moyen d'un courant d'air insufflé dans des petits tubes de verre les bulles d'hydrogène qui adhèrent au charbon.

C. et F. Fein, de Stuttgardt, donnent à leurs éléments à immersion la forme représentée par la figure 10. Dans la caisse de bois, M, il y a six verres, rangés en deux séries; au moyen de manches SS terminés par des poignées HH', on peut plonger dans ces verres les zincs et les charbons; les crans *ee* ménagés dans les montants permettent d'arrêter ces plaques à diverses hauteurs. Quand les manches reposent sur les crans du haut, les zincs et les charbons sont en dehors du liquide

Fig. 11.

La surface des plaques de charbon est égale à deux fois environ la surface des plaques de zinc. On recommande pour le remplissage des bocaux une solution de 10 parties de bichromate de potasse et d'une partie de sulfate de peroxyde de mercure dans 18 parties d'acide sulfurique chimiquement pur et 100 parties d'eau; ce liquide, à ce que l'on assure, ne dépose pas de cristaux et les plaques de zinc y restent longtemps amalgamées.

Friedrich Heller, de Nuremberg, a imaginé une construction très ingénieuse; mais, comme elle est spécialement destinée aux usages médicaux, je n'en parlerai pas.

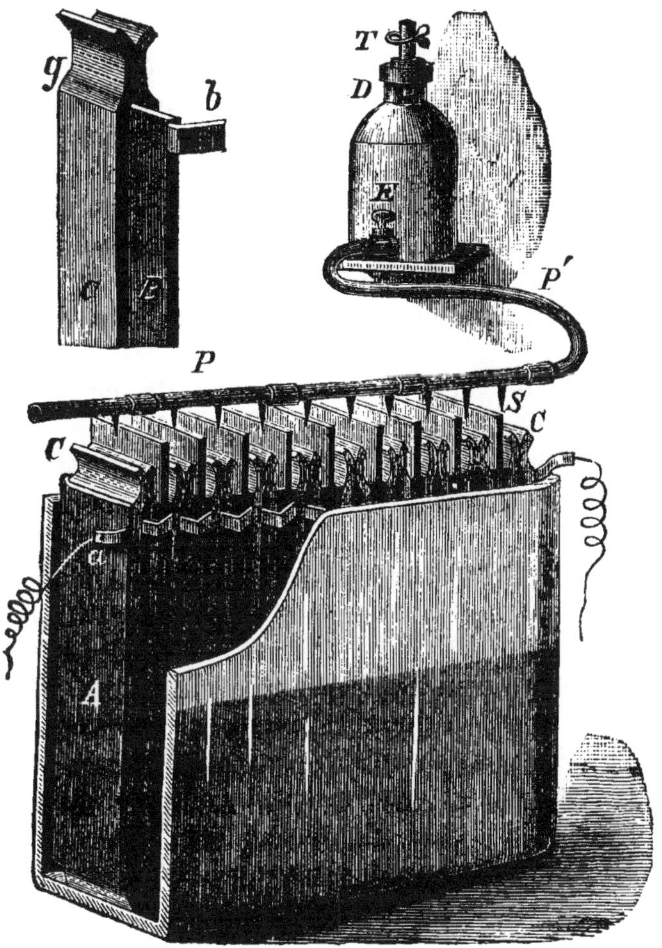

Fig. 12.

La disposition représentée par la figure 11 a été inventée par le docteur Hertz; elle peut servir pour tous les éléments à deux liquides, et à ce titre on peut la donner comme exemple. Elle peut s'appliquer aux éléments genre Bunsen à plaques de charbon et aux éléments genre Daniell.

La figure 12 représente une pile américaine.

A, feuille de cuivre qui a environ 450 millimètres de long et 265 millimètres de large, recourbée en U dans le sens de la longueur; en *a*, elle est munie d'un court tuyau de cuivre. La feuille de cuivre enserre une feuille de zinc B qui a la même longueur à peu près et 12 centimètres de largeur. Cette feuille de zinc, munie d'une sorte de petit crochet *b*, est enveloppée dans une bande de flanelle de 225 millimètres de largeur et 525 de longueur, cousue en haut et en bas autour de la plaque de zinc.

Pour monter la pile, on recouvre le cuivre d'une pâte de noir de fumée et d'acide sulfurique étendu; la couche doit être assez épaisse; on imbibe la flanelle d'acide sulfurique étendu, on place la plaque de zinc à l'intérieur, et l'on insère le tout dans la plaque de cuivre, de sorte que le zinc avec son enveloppe dépasse un peu le cuivre en haut et en bas. La plaque de cuivre doit s'appliquer contre la flanelle, mais elle ne doit en aucun point toucher le zinc à nu. Les éléments ainsi composés sont rapprochés les uns des autres dans un cadre ou récipient horizontal, mais séparés par des feuilles de papier imbibées de paraffine, — une feuille entre deux éléments. On réunit ensuite les plaques alternativement au moyen des crochets *a* et *b*, la plaque de zinc de l'un des éléments avec la plaque de cuivre de l'élément suivant et ainsi de suite. — Le tube de verre PP′ est quelquefois d'une seule pièce; quelquefois, et cela vaut mieux, il est formé de plusieurs bouts, réunis par des tubes de caoutchouc entre eux et avec le réservoir D. En *s*, *s*, *s*, le long de ce tube, au-dessus des bouts dépliés des enveloppes de flanelle sont disposés des compte-gouttes de verre S, d'où tombe peu à peu le liquide arrivant du réservoir D par le tuyau PP′; les robinets E et T permettent de régler l'arrivée du liquide. — On commence par remplir le réservoir D avec une solution de 3/8 de kilogramme de bichromate de potassium dans un demi-kilogramme environ d'acide sulfurique et 4,5 litres d'eau; on ferme ensuite le robinet E; la solution s'écoule lentement

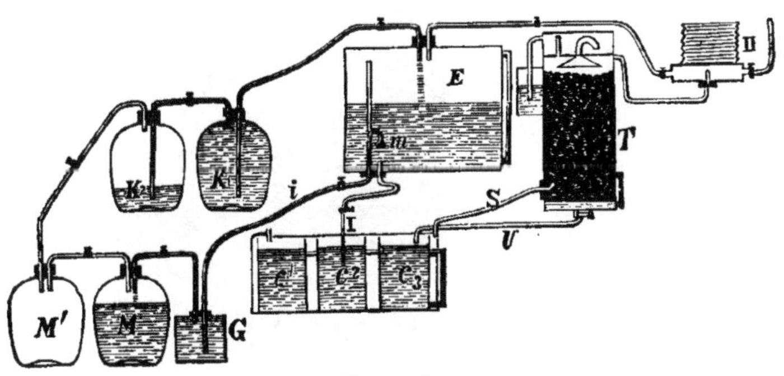

Fig. 13.

sur les enveloppes, elle les imbibe et s'écoule dans une gouttière de plomb, ou dans une gouttière émaillée.

A propos de ces détails, je signalerai d'autres appareils qui servent à remplir et à vider les piles électriques. Celui qui est représenté, figure 13, est de Joseph-François Aymonnet, de Grignon. Il sert à recharger la pile lorsque la densité du liquide qui doit être décomposé et celle du liquide déjà décomposé par l'usage des éléments sont inégales, le premier étant plus dense que le dernier.

Les vases à éléments, C_1, C_2, C_3, qui communiquent entre eux, sont reliés par des tubes I à un réservoir E, dans lequel on peut introduire, par aspiration d'air au moyen de l'appareil H, le nouveau liquide de décomposition provenant des vases K_1 K_2. On aspire également dans le réservoir E, en tournant les robinets sur les tubes, le liquide décomposé, moins dense, qui vient des éléments C_1, C_2, C_3 ; ce liquide opère automatiquement l'ouverture d'une soupape à boulet *m*, car le boulet qui jusqu'alors était soulevé par le liquide non décomposé

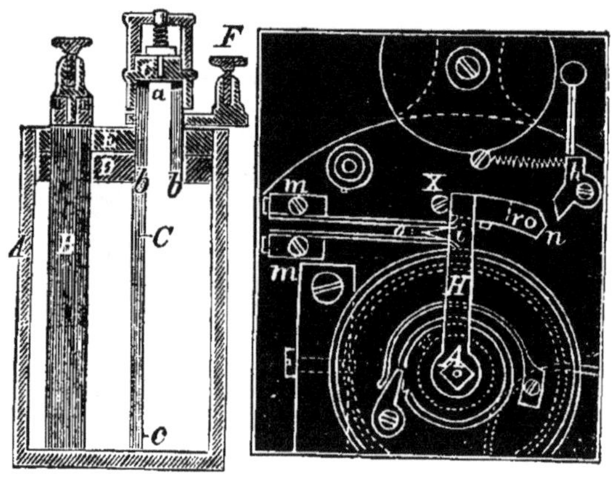

Fig. 14.

(plus dense) redescend dans le liquide moins dense, de sorte qu'il y a libre communication entre le réservoir E et les vases G, M et M_1 ; le liquide décomposé passe des vases dans le réservoir par le tuyau *i*. Les gaz qui se forment dans les éléments passent par le tuyau U et sont aspirés par un appareil de désinfection T, où se trouvent des matières poreuses, humectées d'eau. L'excès d'eau s'écoule, par le tube S, vers les vases à éléments. Dans le cas inverse, celui où le liquide décomposé est plus dense que le liquide non décomposé, et dans le cas où les deux liquides ont la même densité, on change la disposition en conséquence.

On a proposé, comme siphon pour les éléments de piles, un tube de caoutchouc de un mètre de long, de 5 millimètres d'orifice intérieur, par lequel passe un fil de cuivre flexible recourbé autour des bouts du tube. On peut donner à ce tube toute forme de levier que l'on désire. Avant de s'en servir, on le remplit d'eau, on appuie sur l'extrémité de la longue branche, de manière à la fermer, et on plonge la courte branche dans le liquide à siphonner.

Keiser et Schmidt se servent, pour remplir et fermer les piles, de l'appareil représenté figure 14. Cet appareil se distingue par la forme de l'électrode zinc, C. Cette électrode a la forme d'une plaque, de *b* en *c*, dans sa partie inférieure qui plonge dans le liquide excitateur. Sa partie supérieure, de *b* en *a*, est un cylindre creux qui traverse le couvercle de liège, D, et la couche de mastic E ; c'est par ce cylindre que l'on introduit le liquide excitateur. Sur cette partie supérieure de C est vissée une soupape, G, destinée à livrer passage aux gaz qui prennent naissance ; F est la vis polaire qui maintient le fil conducteur. B est l'électrode charbon, et A le vase à élément. La soupape est en caoutchouc durci ; le ressort en spirale qui appuie sur elle est en platine ou en un autre métal ; celui-ci, dans ce cas, doit être platiné pour ne pas s'oxyder. Les gaz qui se forment dans l'élément pressent le ressort par en haut et ouvrent ainsi la soupape qui se referme après le dégagement des gaz.

Les mêmes constructeurs ont un appareil qui sert à maintenir fermé le circuit d'une pile pendant un laps de temps déterminé et à l'ouvrir au moment voulu. Cet appareil se compose d'un bras H, pourvu du coin isolé, *i*, et du coude *n*. Ce bras, qui est relié à un mouvement d'horlogerie, tourne autour de A. Au moment prévu, il est arrêté par la pointe X. Le coin *i* écarte alors les deux ressorts *m m* et interrompt le contact en *o*. Mais, une minute auparavant, le coude *n*, butant contre le marteau *h*, fait résonner un timbre ; on est ainsi prévenu que le courant va être interrompu. On n'a qu'à tirer le bras H en arrière, si l'on veut que le circuit reste fermé pendant un nouveau laps de temps, égal au précédent.

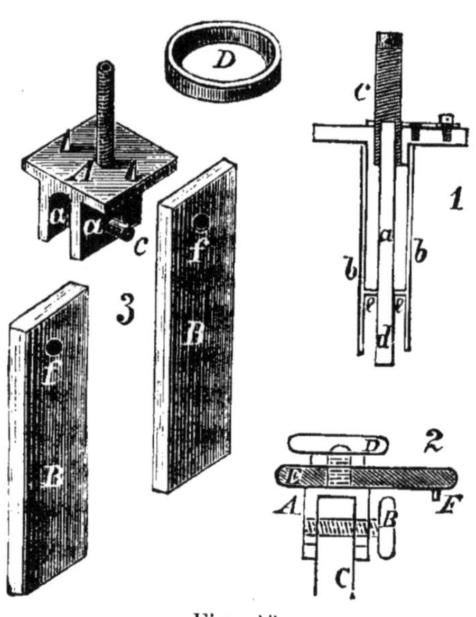

Fig. 15.

Il ne sera pas inutile de mentionner quelques inventions concernant diverses parties des piles.

G. Hirschmann, de Berlin, a fermé hermétiquement l'enveloppe *b b* (fig. 15, I) au moyen de la vis *c* qui maintient la baguette de zinc *a*, pouvant se déplacer à travers cette enveloppe. La plaque *ee* tient le pôle zinc au centre de l'enveloppe *bb*. Quand on plonge cette enveloppe avec la baguette de zinc dans un liquide, ce liquide ne monte que jusqu'à *d*, le long de la baguette de zinc. En limitant de cette manière la décomposition du pôle zinc, on peut faire servir plus longtemps le liquide excitateur.

Les éléments de la pile de Thomas Slater, de Londres, sont constitués par du nikel communiquant avec des pôles de charbon ou de platine, plats ou cylindriques; ces éléments sont disposés de telle sorte que le liquide excitateur, venant de réservoirs supérieurs, s'échappe par des orifices dont on peut faire varier les dimensions et par des tubes pour arriver aux piles; de là il passe dans des vases situés au-dessous et d'où le liquide excitateur, en partie consommé, est complété par le nouveau liquide, puis refoulé dans les réservoirs supérieurs où l'on a préalablement fait le vide. Les charbons ou métaux C (fig. 15, II) sont fixés à l'anneau E au moyen du crampon A, de la vis B et de l'écrou D. Ces charbons sont maintenus par les pointes F.

L'élément de Fulko est composé de quatre parties, comme le montre la figure 15, III. La pièce principale A porte en dessous deux appendices, *aa*; un pivot *c* est adapté au milieu de chacun de ces appendices. On insère les plaques électrodes, BB, par leurs trous, *ff*, sur ces pivots, et l'on maintient le tout ensemble au moyen d'une bande élastique.

Il y a quelquefois avantage à se servir des éléments secondaires ou accumulateurs, notamment pour réaliser l'idée très plausible d'employer des forces naturelles jusqu'à présent inutilisées, à produire des courants électriques, au moyen de moteurs mécaniques et de machines électriques, d'accumuler, dans ces éléments, de la force vive perdue dans la nature et de la vendre aux industriels. Mais il me faudrait trop de place pour exposer les principes et décrire les principales formes de ces appareils. Je renvoie au *Transport de la force par l'électricité*, ouvrage faisant partie de la *Bibliothèque des actualités industrielles.*

Le principe des *piles thermo-électriques* est un fait observé par Seebeck, en 1823 : on peut dégager de l'électricité en chauffant inégalement les points de soudure de deux métaux; mais ce n'est que tout récemment qu'on a tiré parti de ce phénomène pour l'électrolyse.

Une des *piles thermo-électriques* dont on peut se servir pour l'électrolyse est celle de Marcus. Elle a la forme d'un toit. L'arête de ce toit est représentée par une tige de fer ; les chevrons sont deux séries de baguettes d'un alliage spécial, appuyées obliquementsur la tige de fer, vissées à elle, mais séparées d'elle par des feuilles de mica isolées. Ces baguettes sont formées de 20 parties de cuivre, 6 de nikel, 6 de zinc et de cobalt ou de 65 parties de cuivre et 31 parties de zinc. Elles mesurent 180 millimètres sur 12 et sur 3. Leurs extrémités inférieures plongent dans l'eau froide. D'autres baguettes, celles-ci se croisant deux par deux en leur milieu, et vissées sur les précédentes prises aussi deux par deux, reposent diagonalement sur celles-ci par le bord supérieur de l'une d'elles et par le bord inférieur d'une autre. Les nouvelles baguettes croisées dont je parle maintenant mesurent 160 millimètres sur 16 et sur 13; elles sont formées de 12 parties d'antimoine, 5 de zinc et 1 de bismuth. On chauffe la tige du faîte au moyen d'un certain nombre de flammes de gaz ; une pile de 18 couples environ produit à peu près la même force électromotrice qu'un élément de Daniell. Mais les chevrons et les baguettes diagonales sont très fragiles et la pile ne tarde pas à s'affaiblir.

La pile de Clamond, *c* (figure 32), est plus fréquemment employée. Les couples sont, d'une part, en fer; d'autre part, en un alliage de zinc et d'antimoine dans le rapport de leurs poids atomiques. On verse l'alliage dans des moules appropriés, préalablement chauffés, et on y enfonce les baguettes de fer avant le refroidissement, de manière que l'association soit bien intime. On juxtapose dix de ces pièces de fusion de manière à constituer un disque rond, avec un trou au milieu. On juxtapose ensuite plusieurs de ces disques de manière à former une colonne et l'on place les baguettes de fer dans les divers disques, de manière que toutes les soudures impaires se trouvent sur la face intérieure du cylindre creux qui se forme ainsi et toutes les soudures paires sur la face extérieure. Les divers disques sont isolés par des couches intermédiaires d'amiante; la face interne du cylindre creux en est également revêtue. Ce dernier contient un tube en argile réfractaire, fermé par en haut, dans lequel sont pratiqués un grand nombre de trous. Quand un courant de gaz pénètre par en bas dans le tuyau et qu'on allume, il se produit une petite flamme à chaque ouverture. La combustion est entretenue par le courant d'air qui monte entre le tuyau et la face interne du cylindre; ce courant d'air entraîne les produits de la combustion. Les soudures extérieures sont refroidies par le contact avec l'air et par les courants d'air qui se produisent. — Des modèles de piles de ce genre furent présentés, en 1874, à la *Société de Physique* de Paris. Chaque couple pesait 200 grammes; 30 couples donnaient le même résultat qu'un élément de Bunsen à cylindre de 18 centimètres de hauteur. Pour une consommation de 170 litres de gaz par heure, il se déposait 20 grammes de cuivre. Lorsqu'on eut remarqué que l'action électrolytique était à peu près proportionnelle à la masse des couples, Clamond construisit un certain nombre de ces piles. Le poids des pièces de fusion variait, de l'une à l'autre, entre 50 grammes et 4 kilogrammes; on pouvait donc choisir la pile convenant à la mesure des effets à obtenir. Classen a obtenu, après avoir fait brûler le gaz pendant une heure, un courant dont l'intensité correspondait à 400 ou 450 centimètres cubes de gaz détonant.

Dans les piles thermo-électriques de Noé, d'épais cylindres fondus, d'un alliage inconnu, sont disposés sur un plan, de telle sorte que leurs bouts intérieurs reposent sur un cercle et que leurs lignes médianes soient des prolongements de ses rayons. Des fils rigides d'un autre alliage facilement fusible et mauvais conducteur de la chaleur réunissent les bouts des cylindres : le bout intérieur de l'un avec le bout extérieur du suivant, et ainsi de suite. Pour que le contact soit intime, on engage les petits boutons terminant ces fils, dans la face de base des cylindres; de la sorte toutes les jonctions impaires sont situées sur le cercle intérieur, et toutes les soudures paires sur un cercle extérieur, passant par les autres bouts de cylindre. Pour empêcher la fusion des fils et pouvoir chauffer toute une série de soudures intérieures avec une seule flamme de gaz ou d'alcool, on a placé, à ces soudures, des fils conducteurs qui aboutissent à deux anneaux de mica placés au centre et qui y sont chauffés par une seule flamme. A chaque soudure extérieure, on a soudé un tuyau de cuivre, vertical, à minces parois, par lequel l'air froid afflue pour venir refroidir la soudure. Une pile de dix couples, bien construite, donne, à ce qu'il paraît, une force électromotrice égale à celle d'un élément de Daniell. — Selon Waltenhofen, une pile thermo-électrique de Noé, de 72 éléments, exigeait, par heure, près de 5 mètres cubes de gaz d'éclairage pour fournir un courant de 3, 5 à 4 éléments de Bunsen.

Seewald chauffe au gaz d'éclairage ses piles servant à l'électrolyse et à la métallurgie ; il a essayé de les construire sur de plus grandes dimensions et pour d'autres chauffages.

Seulecq développe de l'électricité en réduisant et en oxydant alternativement des métaux. La pile est formée de tuyaux de grès mobiles sur des pivots. Ces tuyaux en leur milieu sont remplis de tessons de grès ; aux deux bouts ils sont remplis de fils de fer dont les pointes font saillie en dedans. Par l'effet du mouvement de rotation, on peut mettre dans le feu tour à tour l'un et l'autre bout.

Par un orifice latéral, on fait arriver de la vapeur d'eau surchauffée, sur les fils qui sont au feu. Cette vapeur d'eau se décompose aussitôt en oxydant le fer et en produisant de l'électricité. L'hydrogène se dégage à l'autre bout; il réduit les fils de fer oxydés qui s'y trouvent et donne naissance à un nouveau dégagement d'électricité. L'hydrogène sert de conducteur. L'électricité est conduite au lieu de consommation par des fils conducteurs qui sont reliés aux bouts des tuyaux par des vis de pression. En changeant, de temps en temps, les deux bouts, on obtient un courant assez continu ; cependant la possibilité d'employer pratiquement cette pile est encore contestée.

Koch d'Eisleben a imaginé, depuis peu, de petites piles thermo-électriques qui ressemblent essentiellement aux piles de Clamond et qui, selon Fischer, sont très propres à servir dans les laboratoires. Fischer possède une pile de ce genre, à 144 éléments, qui, en consommant 220 litres de gaz par heure, fournit, au moyen d'un petit appareil à décomposer l'eau, 660 centimètres cubes de gaz par heure. — Avec deux électrodes de cuivre, présentant chacune une surface de 30 centimètres carrés, les plaques étant distantes de 5 millimètres environ, on a précipité par heure 1 gr. 691 de cuivre d'une solution de sulfate. En réunissant deux piles de ce genre, on a précipité par heure 2 gr. 278 de ce même métal.

Le courant de la pile de Fischer suffit pour faire marcher des jouets, tels que moteurs et pompes, et une petite bobine d'induction.

Fischer joint aux notices qu'il a publiées dans le *Dingler's polytechnisches Journal*, 1882, tome CCXLVI, fasc. 7, d'intéressants calculs sur l'effet des piles. C'est à ces calculs que j'emprunte les détails qui suivent. Les gaz de combustion qui se dégagent sont généralement à la température de 480°; ils contiennent 6,8 pour 100 d'acide carbonique et 6,5 pour 100 d'oxygène. D'après la composition exactement déterminée du gaz d'éclairage employé, la valeur de combustion de ce gaz, rapportée à la vapeur d'eau à 100° comme produit, était de 5393 calories. La perte de chaleur par les gaz chauds de la combustion était de 1442 calories, la température de l'air étant de 20°. L'appareil cède presque complètement au milieu ambiant les 3951 autres calories. La face extérieure a, en divers endroits, de 175 à 191°. Une très petite partie seulement de la chaleur[1] (de 0,3 à 0,5 pour 100) se transforme en électricité.

Les appareils ont donc besoin d'être notamment perfectionnés avant de pouvoir servir en dehors des laboratoires. Il faudrait d'abord les faire plus hauts, pour mieux utiliser la chaleur des gaz de combustion. En outre, l'intensité du courant, pour des chaleurs modérées, étant proportionnelle aux différences de température des soudures, et la force électromotrice,

1. En employant plusieurs voltamètres on obtiendra, avec un mètre de gaz, environ 4 à 6 litres d'hydrogène, dont la valeur de combustion est de 12 à 30 calories.

pour les chaleurs intenses, augmentant en général beaucoup plus lentement que les différences de température, il paraît moins avantageux d'élever davantage la température des soudures intérieures que de diminuer celle des soudures extérieures. Si l'on considérait la série de tensions thermo-électriques, — bismuth, cuivre, plomb, étain, zinc, fer, antimoine, — et si l'on rejette l'antimoine comme trop cher, il faudrait associer notamment le cuivre au fer sinon à l'antimoine. Il faudrait peut-être diminuer la grande résistance de la pile, sans cependant perdre trop de chaleur par conductibilité entre une soudure et la suivante. En tout cas, de nombreuses expériences sont encore nécessaires pour permettre de formuler un jugement définitif.

Si on parvenait, en surmontant les difficultés que je viens d'indiquer, à transformer en électricité, au moyen des piles thermo-électriques, une plus grande quantité de la chaleur employée, ces piles ne tarderaient pas à devenir d'un usage général. Si l'on considère les nombreuses applications de l'électricité, production du noir d'aniline, blanchiment, tannage, purification des alcools, production de l'ozone, purification du carbonate de soude, production des alcalis, gravure sur verre, et autres usages pour lesquels les piles thermo-électriques seraient suffisantes, on reconnaîtra combien il serait important pour l'industrie que l'on perfectionnât ces piles si faciles à manier, et exigeant si peu de réparations, relativement à celles des machines électrodynamiques, d'autant plus que les piles thermo-électriques permettraient d'utiliser beaucoup de chaleur perdue.

On pourrait, par exemple, transformer en électricité, partiellement du moins, au moyen d'éléments thermo-électriques convenablement disposés, la chaleur des poêles, la chaleur des cheminées, etc., et utiliser cette électricité pour les usages domestiques ou la petite industrie, en se servant des accumulateurs que j'ai déjà mentionnés. On pourrait également transformer de cette manière en électricité la chaleur des foyers de chaudières à vapeur.

De plus, s'il se confirmait que l'on pût, par le courant électrique, séparer le phosphore, l'arsenic, etc., des métaux en fusion, notamment du fer, la chaleur perdue dans le traitement des minerais suffirait souvent à fournir l'électricité nécessaire.

Serait-il possible, enfin, de remplacer la vapeur par l'électricité, pour faire marcher les machines ? Il est, quant à présent, impossible de répondre à cette question.

CHAPITRE IV

Machines magnéto-électriques et machines dynamo-électriques pour opérations électrolytiques.

Depuis une dizaine d'années, les machines électriques sont beaucoup plus employées qu'auparavant, en raison des grands avantages qu'elles présentent pour toutes les opérations électrolytiques où il faut traiter continuellement de grandes quantités de matière; particulièrement pour la métallurgie et la galvanoplastie. Il est vrai que, d'autre part, les machines électriques exigent des moteurs, soit à vapeur, soit à gaz, etc., et que ceux-ci généralement ne transforment en travail mécanique que 3 à 5 pour 100 de la chaleur dégagée par le combustible; il est vrai aussi que les machines électriques à leur tour perdent 20 à 40 pour 100 de ce résidu de la chaleur employée, pendant qu'elles le transforment en courant électrique. Cependant ces machines électriques ont de grands avantages sur les piles. Le montage, le nettoyage et la surveillance des piles exigent beaucoup de temps, et dans l'industrie le temps est de l'argent; certaines piles dégagent des gaz nuisibles; de plus elles ne fonctionnent pas toujours régulièrement. Les machines électriques, au contraire, sont faciles à mettre en marche et travaillent docilement sans compromettre la santé des ouvriers. Il m'est impossible de décrire ici en détail les nombreux systèmes de machines électriques et d'exposer leur développement historique. Ce sujet sera, du reste, exposé spécialement dans un des volumes de la *Bibliothèque des actualités industrielles*. Néanmoins, je vais indiquer brièvement les principales machines dont on se sert pour l'électrolyse.

En général, les machines destinées aux opérations électro-chimiques doivent fournir des courants constants, de même direction, et de grande intensité, mais d'une force électromotrice relativement faible. Il faut donc prendre des machines à courant continu, au lieu de machines à courant alternatif; on construit leurs anneaux avec des fils de diamètre considérable et par conséquent de faible résistance. Il semble, par conséquent, que les meilleures machines sont les machines magnéto-électriques à électro-aimants et à courant fourni par une machine indépendante. Cependant on se sert presque toujours de machines dynamo-électriques d'une forme spéciale ou reliées avec les interrupteurs de courant dont il sera question plus loin.

C'est dans les ateliers de la maison Elkington, à Birmingham, qu'a eu lieu une des premières applications connues des machines électriques à l'électrolyse. Pour obtenir un courant d'une grande intensité, on avait combiné 203 armatures cylindriques, de Siemens, selon le conseil déjà donné par H. Wilde, à Manchester, en 1866; mais, après plusieurs heures de service, le travail des inducteurs diminue d'une manière très sensible, par suite de l'échauffement des noyaux de fer doux.

La machine Weston fonctionne mieux. On emploie fréquemment encore aujourd'hui soit la forme primitive, soit les nombreuses variétés de cette machine. Elle se compose essentiellement du cylindre creux de fer, H, fixé sur une plaque *t*, et portant sur sa face interne un certain nombre d'électro-aimants, *r*, en acier (six généralement), disposés en rayons. Sur l'axe

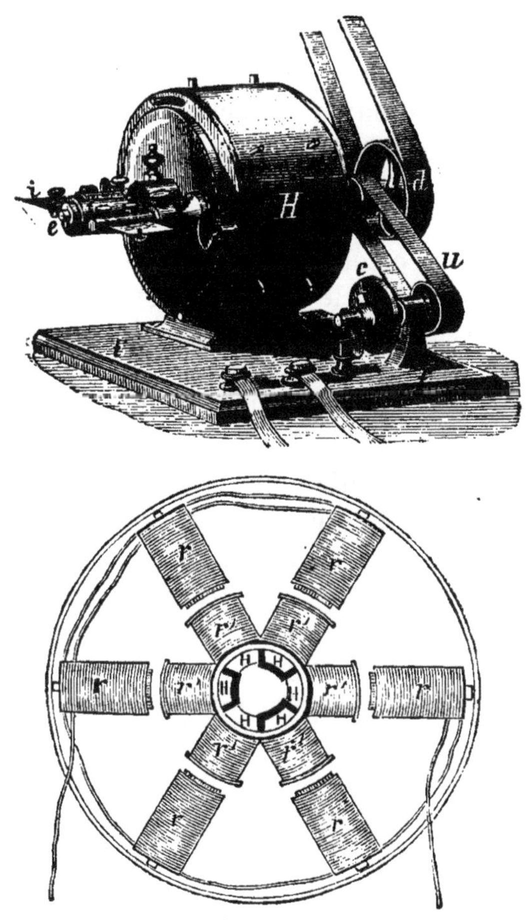

Fig. 16.

du cylindre sont fixés, selon les mêmes rayons, autant d'électro-aimants, *r'*, plus petits, et ceux-ci tournent, dès que la machine est mise en marche, en passant très près des pôles des grands aimants. Les aimants intérieurs constituent l'armature ; deux par deux, ils ont leurs spirales réunies en une seule, de sorte qu'il y a en tout trois aimants en fer à cheval, dans les spirales desquels se produisent des courants d'induction alternatifs. Ces courants sont additionnés et dirigés dans le même sens par un commutateur spécial. Les spires des six électro-aimants inducteurs forment un système unique; toutefois les fils sont enroulés de telle sorte que les pôles voisins soient toujours de noms contraires.

Pour aimanter ces électro-aimants, on fait passer dans leurs spirales, selon le principe des machines dynamo-électriques, les courants produits par l'inducteur. Pour éviter la surchauffe des spirales des électro-aimants, les noyaux de fer doux sont creux et reliés à une conduite d'eau.

Le commutateur qui, dans la machine Weston, redresse les courants induits alternatifs se produisant dans les spirales de l'armature, se compose d'une large roue, *f*, fixée sur l'axe *e*. Cette roue est pourvue de trois entailles, de sorte qu'il y a trois dents ; les intervalles de ces dents sont garnis de petites plaques de métal qui communiquent les unes avec les autres, mais qui sont isolées de la roue. Trois des fils terminaux de même nom de l'armature communiquent avec les dents, tandis que les trois autres communiquent avec les plaques métalliques. Or, comme il y a toujours une des plaques métalliques qui est diamétralement opposée à une dent de la roue, il suffit, pour rassembler les courants, de faire glisser sur le commutateur deux ressorts, *i*, directement opposés l'un à l'autre. Les plaques métalliques communiquant alternativement avec l'un des ressorts, puis avec l'autre, et par suite les fils terminaux reliés à ces plaques envoyant les courants alternativement dans un sens et dans l'autre par les fils reliés au ressort, la combinaison de ces diverses actions donne aux courants l'unité de direction et la continuité.

Dès que la vitesse de la machine diminue jusqu'à un certain degré, les courants qui résultent de la polarisation des électrodes dans la solution renverseraient la polarité des électro-aimants et la direction des courants; pour éviter cet inconvénient, on a disposé en avant, sur la plaque de base, *t*, un nouveau régulateur, G, que fait tourner une courroie, *u*, passant sur l'arbre de la machine.

Mœhring et Bauer ont modifié cette machine de telle sorte que l'on puisse, au moyen d'un système de vis, rapprocher des aimants inducteurs les aimants de l'armature, ce qui permet de régler la machine à volonté. Après avoir quitté le commutateur, les courants induits des spirales des aimants de l'armature arrivent à un bouton isolé, d'où ils entrent dans les six fils initiaux des spirales des électro-aimants inducteurs; ils circulent alors autour des noyaux de fer de ces derniers, noyaux qui, comme dans la machine Weston, se transforment en forts aimants, parmi lesquels ceux qui sont opposés deux par deux présentent une polarité différente de l'un à l'autre; les courants dont je parle, qui se sont formés par induction dans les spirales des aimants de l'armature, traversent ensuite les six fils terminaux des spirales des aimants inducteurs, et ils arrivent enfin à un second bouton d'où ils s'écoulent dans le conducteur extérieur. On peut aussi, quand on le désire, commencer par conduire les courants un à un dans divers conducteurs, puis les réunir.

Lontin a évité, dans sa modification de la machine Weston, le commutateur et la brosse à ressorts.

Parmi les machines à courants continus, celle qu'on a fait servir la première à l'électrolyse est la machine Gramme en 1873. Elle pesait 177 kg. 5, dont 47 pour le cuivre entourant les noyaux de fer doux. Elle était haute de 0m.60 et large de 0m.55. Elle permettait de précipiter 600 grammes d'argent par heure en employant deux tiers de cheval-vapeur. Chaque moitié de l'un des deux aimants tripolaires était complètement entourée d'une feuille de cuivre ; le revêtement de cuivre des aimants inducteurs ne se composait donc en tout que de quatre larges bandes de cuivre. Les spirales de l'armature annulaire étaient presque complètement enveloppées par les sabots polaires ; elles se composaient de fil de cuivre, épais, aplati, donnant à l'inducteur une très grande solidité, qui lui permettait de résister aux effets de la force centrifuge. Cette disposition des spires de cuivre convient pour l'électrolyse, car l'électrolyse exige des courants de faible tension, mais de grande quantité, et les meilleures spires avec lesquelles on les obtienne sont les spires de gros fil de cuivre et de peu de résistance. Conformément au principe des machines dynamo-électriques, c'est l'inducteur qui fournit le courant aux aimants inducteurs. Cette machine, comme celle de Weston et comme celle de Mœhring, est reliée à un interrupteur automatique empêchant que des courants de polarisation ne renversent le courant de la machine.

Dans les machines dynamo-électriques construites d'après le principe de la machine Gramme, les pôles des électro-aimants ne peuvent produire d'action inductrice que sur les spires extérieures de l'anneau ; les autres parties de cet anneau ne sont presque pas influencées et augmentent ainsi la résistance du conducteur, en produisant un inutile dégagement de chaleur. Dans les machines dites à anneau plat, on a cherché à éviter cet inconvénient en remplaçant l'anneau cylindrique par un anneau plat dont l'enroulement est tel que l'induction peut se faire de deux côtés.

La figure 17 représente la modification de la machine

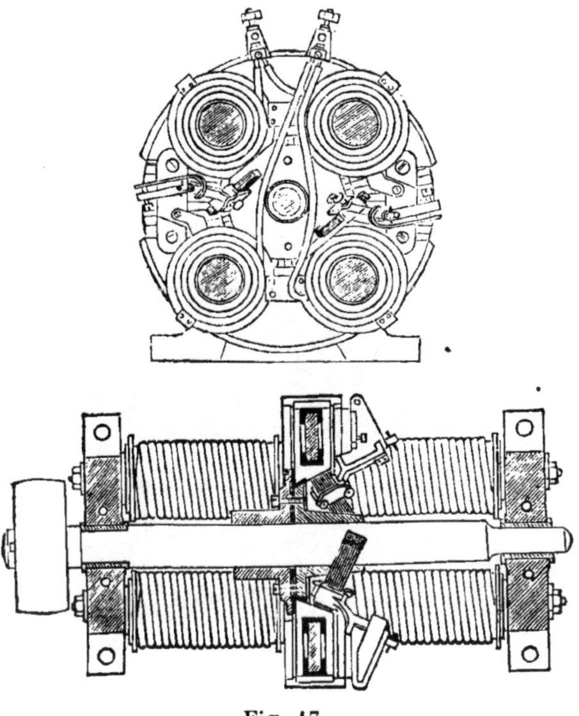

Fig. 17.

de Gramme, connue sous le nom de machine à anneau plat et construite en 1874 par Siemens et Halske, de Berlin. Cette machine était destinee à l'electrolyse de solutions contenant du cuivre.

Selon Fein, ces dispositions ont un défaut : les spires du fil se séparant dans la direction des rayons, l'anneau, pour recevoir un fil de même longueur totale et de même nombre de spires, doit avoir un diamètre beaucoup plus grand qu'avec la forme cylindrique ; cet anneau plat résiste donc beaucoup plus au mouvement, particulièrement sous l'influence des électro-aimants ; et par suite sa rotation exige plus de force que celle de l'anneau cylindrique.

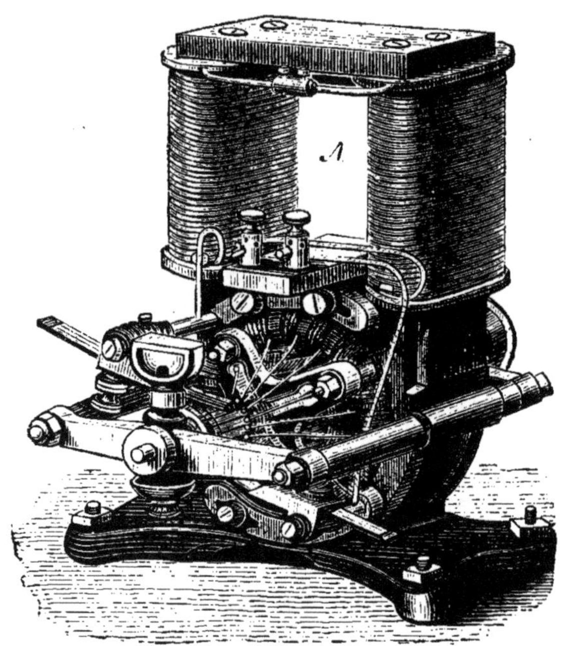

Fig. 18 A.

Fein, pour éviter ce désavantage, conserve l'anneau cylindrique, mais le fixe sur l'axe de rotation, d'une façon spéciale qui, avec l'emploi d'armatures appropriées, permet d'exposer à l'action des électro-aimants toute la longueur des spires. (Pour plus de détails, voir Glaser, *Les machines magnéto-électriques et les machines dynamo-électriques*, qui paraîtra dans la *Bibliothèque des actualités industrielles*.)

La figure 18 montre les deux principales applications de ce principe. Le modèle A convient pour l'électrolyse dans le laboratoire, le modèle B est destiné à la galvanoplastie et à la métallurgie.

Fig. 18 B.

On fait également deux modèles pour les travaux plus considérables : le premier, avec un seul générateur de courant, et exclusivement pour les précipitations de cuivre, l'autre, avec deux générateurs de courant, pour la précipitation de l'or, de l'argent, du nikel, du laiton, etc. Pour cette dernière, il faut deux générateurs de courant, car pendant l'opération les objets qui se trouvent dans le bain ainsi que les anodes, se polariseraient, en acquérant ainsi la propriété de renverser les électro-aimants de la machine dynamo-électrique, ce qui donnerait une autre direction au courant produit par ces électro-aimants et détruirait le précipité commencé. L'un des électro-aimants, dans les machines de ce genre, ne se relie donc qu'aux spires des électro-aimants, tandis que l'autre fournit le courant pour les bains.

NUMÉROS	CUIVRE PRÉCIPITÉ par heure, en gram.	SURFACE DE L'OBJET en mètres carrés.	DIMENSIONS DE LA MACHINE: Longueur totale en millim.	Largeur totale en millim.	Hauteur totale en millim.	Hauteur du milieu de l'axe	DIMENSIONS de la poulie en millimètres: Diamètre.	Largeur.	POIDS en kilogrammes.	TOURS par minute	DÉPENSE DE FORCE en chevaux-vapeur.
a											
200	45	0,25	320	250	350	100	30	30	28	2000	0,5
201	150	0,50	350	280	390	128	50	45	40	1800	1,0
202	275	1,00	480	250	360	190	75	50	55	1500	1,5
203	500	1,50	640	340	430	235	100	65	105	1200	2,0
204	1000	3,00	740	350	500	270	125	80	150	1000	3,0
205	1500	6.00	810	380	570	305	150	100	235	900	5,0
206	3000	12,00	870	410	640	345	200	130	345	800	8,0
207	6000	24,00	1150	540	760	410	250	170	475	700	10,0
b	gr. par heure et par m. carré.										
	argent.	nikel.									
212	500	150	488	250	360	190	75	50	62	1500	1,0
213	1000	300	650	340	430	235	100	65	110	1200	1 5
214	2000	600	755	350	500	270	125	80	165	1000	2.5
215	4000	1100	825	380	570	305	150	100	250	900	4,0
216	6000	1700	885	410	640	345	200	130	365	800	6,0

Cette disposition permet, du reste, de traiter de petits objets même avec de grandes machines, tandis que, avec les machines du type *a*, il faut, pour renforcer les électro-aimants, mettre dans les bains autant d'objets que possible.

Dans la machine à anneau plat, de S. Schuckert de Nuremberg (fig. 19), l'anneau plat de l'armature est

Fig. 19 A.

presque enveloppé par les deux sabots polaires des aimants inducteurs. Le noyau de l'anneau de fer se compose de minces lames de tôle, isolées les unes des autres; le collecteur et les brosses de fil métallique sont construits comme le sont les mêmes parties dans les machines de Gramme. Au moyen de cette construction, on a notablement diminué un défaut de la machine de Gramme : l'induction, dans celle-ci, ne se produit que dans une partie relativement faible des spirales de cuivre.

Le tableau de la page 76 donne les dimensions principales de ces machines à une prise de courant. Leur rendement économique est maximum quand elles précipitent 3 grammes de cuivre par mètre carré et par heure. Quand le précipité est moindre, la dépense de force est moindre.

Le second tableau (p. 77) concerne les machines

Fig. 19 *B*.

dynamo-électriques à deux prises de courant, employées pour le nikelage, l'argenture, la dorure et les autres précipitations de métaux : ce sont des machines dans lesquelles on peut renverser les pôles des électro-aimants. Les indications concernant le poids du dépôt se rapportent aux grandeurs de bains usitées dans les grands établissements industriels et aux installations pour bon dépôt.

Au nombre des meilleures machines pour l'électrolyse, il faut citer encore celles construites par Siemens et Halske de Berlin. La figure 20 représente deux types de machines magnéto-électriques de cette maison. Ces machines sont construites pour produire des courants continus; elles appartiennent au système des machines à tambour. Elles se composent d'un cylindre de fer entouré de fil metallique isolé et tournant entre les pôles d'aimants permanents.

Ces machines, qui portent la marque M[1], ont 50 ai-

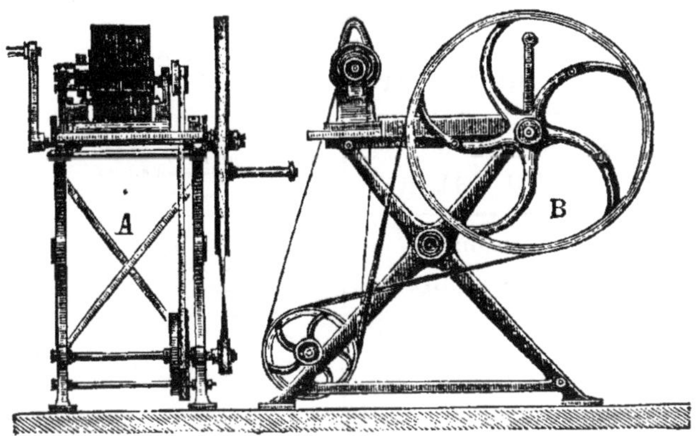

Fig. 20.

mants d'acier; la transmission se fait par roues dentées; elles sont pourvues d'une manivelle au moyen de laquelle on peut les faire marcher à la main. Elles produisent un courant constant. Elles ont 0 m. 550 de longueur, 0 m. 235 de largeur, 0 m. 460 de hauteur; elles pèsent 81 kilogrammes. A 120 tours par minute, elles développent sur la manivelle une force électromotrice de 13 daniells. Elles représentent donc, à cette vitesse, une pile de 7 éléments de Bunsen à 80 centimètres carrés de surface de zinc; elles conviennent particulièrement pour l'analyse électrolytique et pour d'autres usages de laboratoire.

TABLEAU I. — *Machines à une prise de courant.*

NUMÉRO DU MODÈLE.	CUIVRE PRÉCIPITÉ par heure, en kilogrammes.	BAINS EN TENSION.	SURFACE DES OBJETS par bain, en mètres carrés.	NOMBRE DE TOURS par minute.	FORCE NÉCESSAIRE en chevaux-vapeur.	DIAMÈTRE DE LA POULIE en millimètres.	LARGEUR DE LA POULIE en millimètres.	POIDS en kilogrammes.	DIMENSIONS de la machine: Longueur avec poulie, en millimètres.	Largeur en millimètres.	Hauteur en millimètres.
G.O	0,15	1	0,5	1000	1	65	40	50	500	220	300
1/2	0,30	1	1	950	1,5	100	65	80	600	270	350
1	0,60	2	1	800	2	150	110	120	755	375	430
2	1,00	2	1,5	750	3	150	110	180	870	425	545
3	1,50	2	2	650	5,5	180	150	250	980	450	610
4	2,00	3	3	600	7	210	175	360	1180	505	680
5	5,40	5	5	550	9	240	200	420	1300	600	780

Le modèle M_2, pour fort cuivrage de petits objets, a, comme le modèle précédemment décrit, 50 aimants d'acier. Longueur, y compris la poulie de transmission,

TABLEAU II. — *Machines à deux prises de courant.*

NUMÉRO DU MODÈLE.	PRÉCIPITÉ par heure.		TOURS par minute.	FORCE NÉCESSAIRE en chevaux-vapeur.	DIAMÈTRE de la poulie, en millim.	LARGEUR de la poulie, en millim.	POIDS en kilogrammes.	DIMENSIONS de la machine		
	Grammes d'argent.	Grammes de nickel.						Longueur avec poulie en millimètres	Largeur en millimètres.	Hauteur en millimètres.
1/2	550	170	1000	1	65	40	86	730	270	350
1	1200	350	800	1 1/2	100	65	130	900	375	430
2	2000	600	750	2 1/2	150	110	190	1030	425	545
3	3300	1000	650	3 1/2	180	150	265	1120	450	610
4	4800	1500	730	5	210	175	340	1330	505	680

0 m. 60 ; hauteur, 0 m. 47 ; largeur, 0 m. 240 ; diamètre de la poulie de transmission, 0 m. 115 ; poids 81 kilogrammes. La machine précipite d'un bain de cuivre

120 grammes de métal par centimètre carré et par heure; en consommant un demi-cheval-vapeur et en faisant 900 tours, elle dépense une force électromotrice de 14 daniells.

La grande machine dynamo-électrique Siemens et Halske, dont les premiers modèles ont été exécutés en 1877, a pris une bien plus grande importance. Cette machine est représentée par la figure 21. Elle est décrite comme il suit dans la revue *Zeitschrift für angewendete Elektricitætslehre*, 1881 : « Par l'aspect extérieur, cette machine rappelle l'ancienne forme des machines dynamo-electriques Siemens et Halske pour production de lumière. Elle appartient, du reste, au même système; seulement le nombre, l'épaisseur et la disposition des spires sont tout autres. Comme nous l'avons déjà fait observer plus haut, les bonnes machines à décomposition électrolytique ont à fournir un courant d'une excessive intensite, par contre elles ont à vaincre peu de résistance. Aussi la force electromotrice qu'elles développent n'a pas besoin d'être très grande, mais la résistance de l urs spires doit être très p tite, c'est-à-dire qu'il faut que les tours soient relativement peu nombreux, mais très épais. Les spires ne sont donc plus constituées par du fil de cuivre, mais par des barres de cuivre de 10 cent. 15 d'épaisseur; ces barres, on le reconnait sur les dessins, sont assemblées comme l'exige la conduite du courant.

L'enroulement et l'insertion sur le tambour se font selon la méthode Hefner-Alteneck, le tambour n'étant recouvert que d'une couche de conducteur; les croisements sur les faces latérales sont opérés au moyen de pièces de cuivre de forme spéciale et de diamètre suffisant, comme on le voit nettement sur la figure C qui représente la surface latérale et sur la figure B qui représente la coupe longitudinale du cylindre d'induction. Les jonctions avec les secteurs du cylindre commutateur sont opérées au moyen de fortes pièces de cuivre.

Sur les jambages, il n'y a aussi qu'une couche d'en-

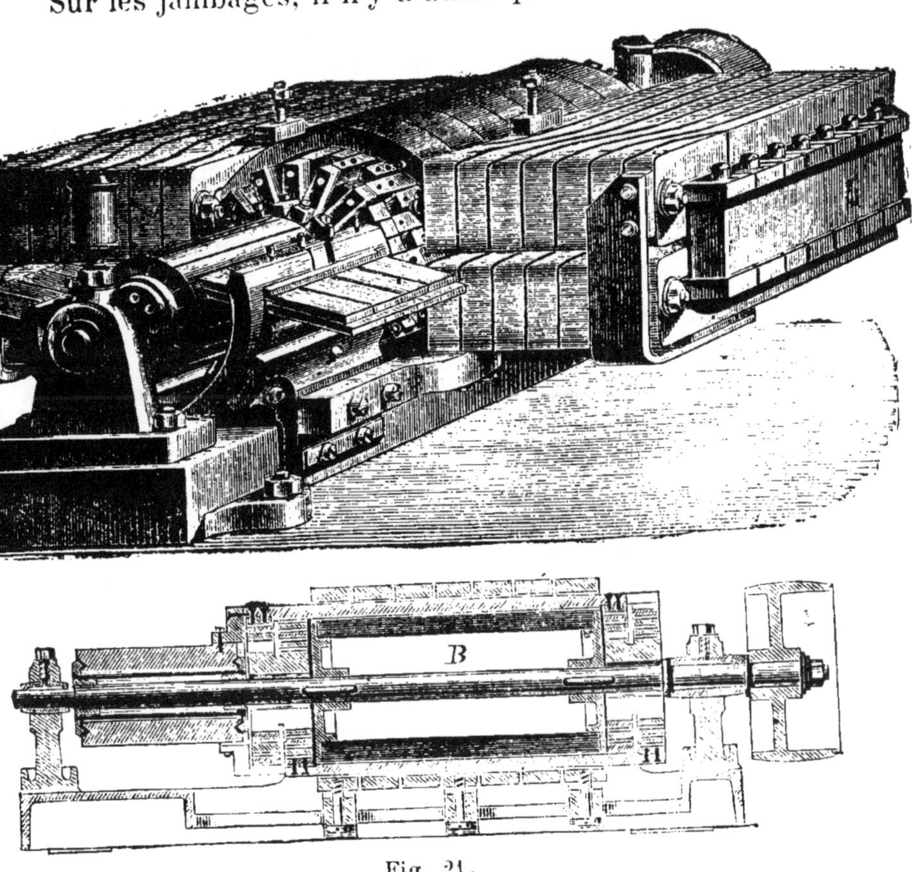

Fig. 21.

roulement et, comme la figure A permet de le reconnaître, il n'y a que 7 spires dans chaque couche. La section du conducteur de chaque tour y est de 13 centimètres carrés. Les jonctions sont toutes opérées à pas de vis et à soudure. Les isolements entre les diverses spirales et les autres parties de la machine ne sont pas faits au moyen de coton ou de soie, mais d'amiante, substance incombustible, de sorte que la machine n'est pas exposée à se détériorer, même quand on la fait travailler à une vitesse telle que les parties conductrices soient très chaudes. Elles s'échauffent, en effet, considérablement, quoique leurs surfaces de cuivre (noircies), qui partout à l'extérieur se trouvent à découvert, produisent un refroidissement extraordinaire, circonstance qui peut donner aux personnes qui se sont occupées d'expériences d'échauffement par l'électricité une idée approximative de l'intensité du courant.

Les machines dynamo-électriques se construisent en plusieurs grandeurs, je me bornerai à mentionner les suivantes :

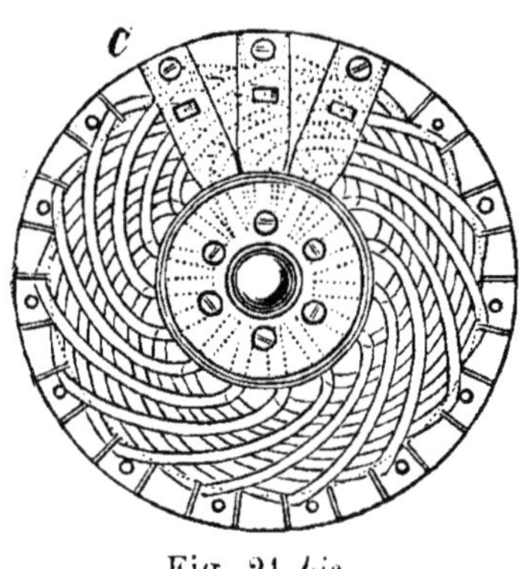

Fig. 21 *bis*.

Le modèle C pour la précipitation des métaux à l'état de pureté dans le traitement des minerais a 1 m. 405 de longueur, y compris la poulie de transmission, 0 m. 34 de hauteur et 0 m. 86 de largeur. Le diamètre de la poulie de transmission est de 0 m. 30, sa largeur est de 0 m. 18. Le tout pèse 955 kilogrammes. Cette machine, opérant sur du cuivre brut, fournit 250 kilogrammes de cuivre pur en 24 heures, moyennant une dépense de 10 chevaux-vapeur.

C_2, servant au même objet, a les dimensions suivantes : longueur, y compris la courroie de transmission, 0 m. 93; largeur, 0 m. 72; hauteur, 0 m. 29. Le poids est de 424 kilogrammes. Diamètre de la poulie, 0 m. 20; largeur, 0 m. 10. Cette machine, moyennant une dépense de 6 chevaux-vapeur, fournit en 24 heures 150 kilogrammes de cuivre pur.

C_6 *pour fort cuivrage* (fabrication des clichés, par exemple). Longueur, y compris la poulie de transmission, 700 centimètres; hauteur, 0 m. 59; largeur, 0 m. 29; diamètre de la poulie de transmission, 0 m. 130; largeur, 0 m. 10; poids, 160 kilogrammes. Cette machine décompose même quatre bains placés en tension; elle précipite dans chacun d'eux une quantité de cuivre s'élevant jusqu'à 200 grammes, et, avec une dépense de 1 cheval à 1 cheval et demi, elle développe une force électromotrice de 3 a 6 daniells. Nombre de tours : 400 pour un bain, 650 pour 2 bains, 800 pour 3 bains, 900 pour 4, chacun de ces bains ayant 2 mètres carrés de surface de cathodes.

C_6 *pour forte argenture*, laitonage, bronzage, le cuivrage du fer, mais non pour le nikelage. Cette machine, avec les mêmes dimensions que la précédente, et une dépense de un demi-cheval à un cheval, a aux pôles une tension de 2,5 à 5 daniells. Selon la grandeur de la surface des cathodes, on la fait marcher à une vitesse de 600 à 1000 tours par minute. Elle précipite jusqu'à 300 grammes d'argent par heure dans un bain ou dans plusieurs bains disposés parallèlement sur le circuit. Ces machines ne sont pas exposées à l'inconvénient du renversement des pôles.

C_6 pour le nikelage, mais aussi pour le laitonage, le bronzage et le cuivrage du fer, etc., a les mêmes dimensions que la machine précédente. Avec le même nombre de tours et la même dépense de force, mais avec une tension de 2 à 12 daniells aux pôles, C_6 décompose un ou plusieurs bains intercalés parallèlement dans le circuit, précipite jusqu'à 50 grammes de nickel par heure, et nikèle bien, en 3 minutes, une surface ayant 1 mètre carré.

CHAPITRE V

Du choix et de la disposition de générateurs de courant pour des usages déterminés, et appareils annulaires pour le réglage du courant, etc.

Dans le choix d'un générateur de courant, il faut avoir égard à la quantité de la solution à traiter, à la quantité de travail chimique nécessaire qui en dépend, et au temps pendant lequel ce travail doit être accompli. Les éléments de pile doivent être, pendant le travail, isolés de la terre aussi bien que possible. Le courant vient-il à s'affaiblir ou même à cesser complètement, il faut rechercher s'il n'y a pas une électrode qui soit brisée, une vis de pression oxydée ou corrodée, une solution trop pauvre en sel, si enfin il ne s'est pas formé quelque part des incrustations de sel ou de métal qui fassent dévier le courant en formant des circuits secondaires.

Il faut que les divers joints dans le circuit offrent aussi peu de résistance que possible. La soudure est le meilleur moyen de joindre à demeure les fils ou les plaques métalliques qui ne doivent pas être séparés. Pour les joints qui doivent au contraire être fréquemment défaits et rétablis, on se sert de godets remplis de mercure, dans lesquels plongent des fils de cuivre amalgamés, de 5 millimètres d'épaisseur, soudés aux électrodes. Quelquefois aussi on soude l'une des électrodes à un disque de cuivre fixé horizontalement au fond du godet de mercure et sur lequel repose le fil partant de l'autre électrode, par le bout et amalgamé ordinairement, dans la pratique, on se contente, pour les joints mobiles, de vis de pression qui reçoivent les bandes de cuivre soudées au charbon et au métal, et dans les joints fixes on soude les bouts de ces bandes.

La figure 22 montre les formes les plus ordinaires des

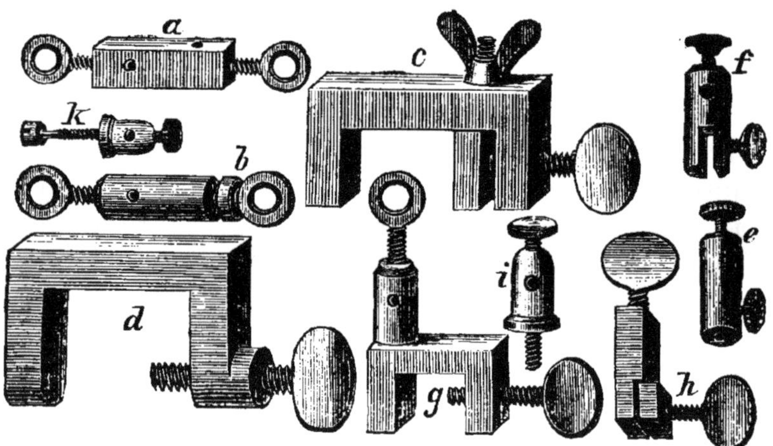

Fig. 22.

vis de pression : *a*, pour deux fils, carrés ou ronds ; *b*, pour fil et pla que ; *c*, *d* et *g*, pour plaques de charbon ; *e*, pour deux fils ; *f*, pour fil et plaque métallique ; *h*, pour fil et plaque métallique, ou pour deux plaques métalliques, enfin *i*, avec vis de bois pour appareils, et *k*, avec vis de métal.

Les joints entre la pile et les électrodes, c'est-à-dire les fils conducteurs, doivent être en cuivre aussi pur que possible ; les points de contact doivent être entretenus bien décapés et l'épaisseur des fils ne doit pas descendre au-dessous de 1 millimètre.

La manière dont on réunit les divers éléments pour constituer la pile influe beaucoup sur l'intensité du courant. On peut, par exemple, placer quatre éléments les uns à côté des autres, et réunir toutes les plaques de zinc ensemble, toutes les plaques de charbon ensemble, comme le montre le schêma 23 A. Dans ce cas, la même couche de liquide est traversée simultanément en quatre places différentes, et, comme la surface est quatre fois plus grande que pour un seul élément, comme par suite la résistance est quatre fois plus

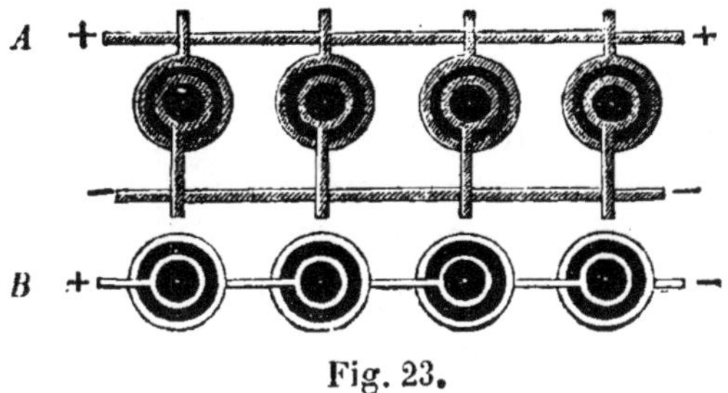

Fig. 23.

grande, l'intensité du courant est augmentée. Combinons au contraire quatre éléments, les uns à la suite des autres, de telle sorte que la plaque de zinc de chaque élément se rattache à la plaque de charbon de l'élément suivant (schêma 23 B) : le courant traverse quatre fois successivement une couche de liquide de même épaisseur, par suite la résistance est quatre fois plus grande, l'intensité plus faible. Dans le premier cas, on dit que la pile est couplée en quantité ou en intensité, dans le second cas elle est couplée en tension.

D'après la loi d'Ohm, le courant atteint son maximum d'intensité quand la résistance intérieure est égale à la résistance du circuit extérieur; cependant, d'après Uppenborn, cette loi doit être modifiée dans la pratique : la résistance intérieure doit toujours être moitié plus petite et même davantage. Généralement elle ne doit pas dépasser 3/8 de la résistance extérieure. On choisira donc l'un ou l'autre mode de montage, selon la résistance qu'un bain oppose au courant. Les bains épais, par exemple les vieux bains de cyanures alcalins contenant de la potasse, ainsi que les bains dans lesquels on travaille avec de très petites anodes exigeront toujours que les éléments soient montés en tension. Mais, quand on aura des bains bons conducteurs ou préalablement chauffés, ainsi que des anodés de grandes surfaces, il faudra préférer souvent le couplage en quantité.

En ce qui concerne la force électromotrice à mettre en œuvre pour accomplir un travail électrolytique déterminé, on déduit de la loi d'Ohm le principe suivant : l'effet d'une source d'électricité atteint son maximum quand la force électromotrice est deux fois aussi grande que la force électromotrice d'opposition, produite par la polarisation de l'électrolyte.

Selon Kick, l'intensité du courant, pour beaucoup d'électrolytes, est loin d'être aussi importante qu'on l'admet généralement, et, si pour un grand nombre d'électrolytes elle paraît avoir quelque influence, cela provient de phénomènes secondaires ou de ce que la précipitation des métaux se produit d'une façon indirecte. Kick pense du reste que ces phénomènes ne sont pas encore suffisamment expliqués. Selon lui, les galvanoplastes seraient responsables de cette lacune, d'une part à cause de leurs vues fantaisistes, d'autre part, parce que, dans un intérêt mesquin, ils font mystère de leurs observations.

Il y a beaucoup d'industriels qui couplent cinq, six éléments et davantage, en tension. Il y en a d'autres qui affirment que, avec des bains bons conducteurs et quand il y a un rapport convenable entre les surfaces des anodes et la surface des objets, il ne faut pas monter plus de deux éléments en tension.

Langbein donne l'indication suivante : la surface des objets doit être égale à la somme des faces zinc actives des éléments. Or, comme dans le couplage en tension la quantité de courant n'est pas augmentée, il s'ensuit

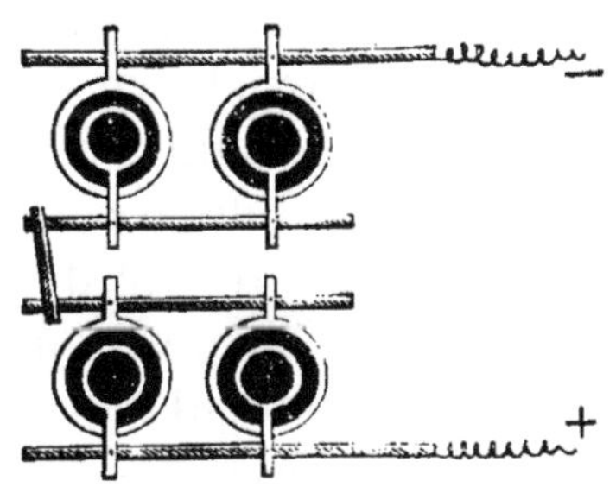

Fig. 24.

que, pour apprécier la surface d'objets que l'on peut plonger simultanément dans un bain, il suffit d'apprécier la surface du zinc qui plonge dans un élément. Si celle-ci est assez grande, on n'a qu'à combiner l'élément, en tension, avec un élément de mêmes dimensions, et la pile est terminée. Mais, quand la surface des objets est plus grande que la surface zinc d'un élément, il faut coupler deux de ces éléments, l'un à côté de l'autre, en quantité, c'est-à-dire zinc avec zinc, charbon avec charbon, coupler de la même manière deux autres éléments de mêmes dimensions et relier enfin les zincs d'un groupe avec les charbons de l'autre groupe, comme cela est représenté schématiquement par la figure 24. On peut, de cette manière (montage mixte), faire des groupes de trois, quatre, cinq couples d'éléments et davantage; seulement tous les éléments doivent être remplis de liquide jusqu'à la même hauteur.

Les phénomènes de polarisation que j'ai mentionnés plusieurs fois ont aussi une influence fâcheuse quand on se sert de machines dynamo-électriques, car, lorsque par hasard ou à dessein on interrompt le travail, les électrodes polarisées produisent un courant de sens contraire, qui se propage dans la machine et y renverse la polarité des électrodes, de sorte que l'ancien pôle nord devient un pôle sud. Or l'action dynamo-électrique de la machine repose sur l'existence d'un magnétisme rémanent dans les électro-aimants, et la direction du courant dépend de la polarité de ce petit reste de force magnétique dans les noyaux de fer doux. Par conséquent si, sans prendre des dispositions spéciales, on mettait la machine en mouvement lorsque les pôles des électro-aimants ont été renversés par le courant de polarisation, il se produirait un courant dont le sens serait opposé à celui du premier; les produits de la décomposition prendraient donc aussi une direction opposée, et dans les travaux d'argenture, par exemple, les objets qui se trouvent dans le bain seraient désargentés au lieu d'être argentés.

Gramme, dans sa machine précédemment décrite, a évité le contre-courant au moyen d'un interrupteur automatique, de sorte qu'il ne peut pas se produire de changement de pôle dans les électro-aimants. Pour faire rentrer le courant, on se sert d'un interrupteur qui se compose d'un morceau de fer doux mobile avec contrepoids, faisant communiquer les brosses dérivatrices avec les électro-aimants. Tant que ceux-ci sont fortement magnétisés, ils attirent fortement le morceau de fer et le courant peut arriver aux électro-aimants ainsi qu'aux bains métalliques. Si cependant la machine, pour une cause quelconque, commence à se ralentir, les électro-aimants perdent leur force d'attraction, le contre-poids de l'interrupteur agit, et en même temps le morceau de fer doux qui réunit les brosses; le courant de l'anneau ne peut plus arriver aux électro-aimants, la conductibilité est interrompue et le contre-courant ne peut se produire. Les électro-aimants conservent donc toujours la même polarité, et la machine après chaque arrêt est prête à fonctionner immédiatement.

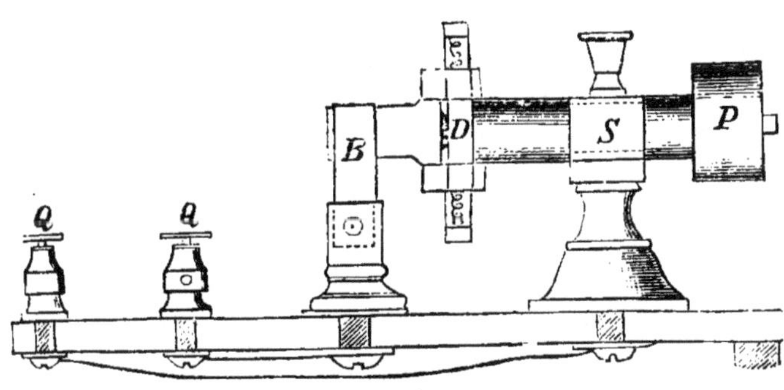

Fig. 25.

L'appareil à fermer et à ouvrir les courants, de Weston, sert au même usage. Il se compose d'un disque fixé sur un arbre. Cet arbre tourne dans le support horizontal de la colonne S, et il est commandé par l'arbre de la machine, avec intermédiaire de courroies et d'un disque I (fig. 25). Le disque D est muni de deux fentes radiales dans chacune desquelles peut glisser un curseur. Ces curseurs sont pressés, par des ressorts en spirale dont on peut modérer l'effet, vers l'axe ou moyeu métallique qui fait saillie hors du disque et qui est bien isolé de l'arbre sur lequel repose ce disque. Contre le moyeu s'appuie aussi un ressort B qui est fixé à une colonne. Ces colonnes sont reliées aux pinces Q d'où partent les fils conducteurs extérieurs. Lorsque la vitesse de la machine est descendue au-dessous d'une certaine mesure, les curseurs forment avec le moyeu un contact électrique. Le contre-courant ne traverse alors que l'appareil à fermer le courant, car cet appareil offre beaucoup moins de résistance que le circuit intérieur de la machine. Mais, quand la vitesse atteint une certaine grandeur, la force centrifuge pousse les curseurs de manière à faire cesser le contact entre eux et le moyeu; alors le courant, redevenu plus intense, ne s'écoule plus par l'appareil auxiliaire, mais par le circuit extérieur, et va produire des effets d'électrolyse là où on le désire. — On peut aussi, en insérant un rhéostat de résistance exactement mesurée, fermer le courant principal pour retirer tous les objets du bain.

Dans la machine de Mœhring et Bauer, on a employé une modification de l'appareil Weston. Trois curseurs, qui se meuvent par la force centrifuge chacun dans la fente d'un disque disposé à l'extrémite gauche du collecteur de courant, servent à empêcher l'électricité des bains de retourner en arrière lorsque la machine s'arrête ou lorsqu'elle marche trop lentement, car les curseurs n'arrivent au bord que quand la machine atteint une certaine vitesse, mais autrement ils empêchent la communication entre les deux parties du collecteur de courant.

Weston a construit une machine avec laquelle il cherche à obtenir le même résultat en assurant toujours la même polarité aux électro-aimants. Cette machine est représentée, figure 26. Ce qu'elle a de particulier, c'est que, à côté de la machine proprement dite, il y a deux supports de métal qui, comme dans le cas précédent, sont réunis aux vis d'où partent les fils conducteurs extérieurs (fig. 26). Sur le support A, il y a une capsule C, qui peut tourner autour de son axe. Cette capsule est divisée par des cloisons en quatre compartiments qui communiquent entre eux et qui sont remplis de mercure jusqu'à une certaine hauteur. Le second support B porte un fil métallique que l'on peut fixer à la hauteur que l'on veut et qui pénètre dans la capsule C. La machine peut faire tourner cette capsule, par l'intermédiaire d'une cordelette et d'un disque D; alors le mercure, par l'effet de la force centrifuge, abandonne le milieu de la capsule, pour monter sur les bords.

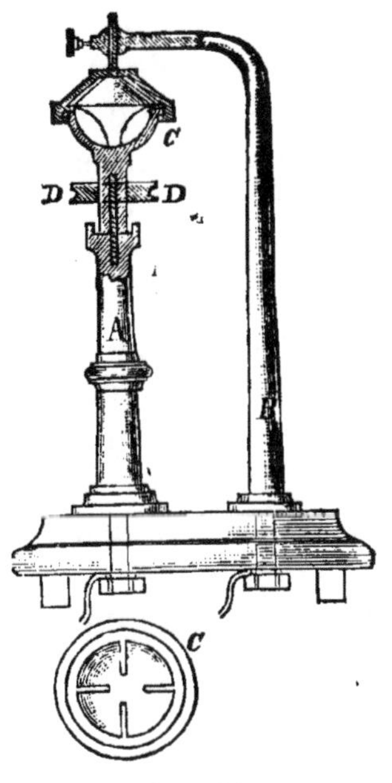

Fig. 26.

Ces divers mouvements découvrent le fil métallique, qui pendant le repos plonge dans le mercure et qui de la sorte ferme pour peu de temps les bobines de la machine; le courant qui vient d'être fermé quelques instants est rouvert et il circule dans le circuit extérieur partant des vis de pression. Quand la vitesse diminue, le fil rentre en contact avec le mercure et ferme pour quelque temps le courant de polarisation, qui, par suite, ne peut entrer dans les bobines de la machine.

Les appareils à mesurer l'intensité du courant sont des plus importants parmi ceux qui servent aux opérations électrolytiques de tout genre : c'est, en effet, avec le galvanomètre, le galvanoscope, le rhéomètre, les boussoles, etc., que l'on peut le mieux se renseigner sur le mode d'action de son appareil. Kick dit : le galvanomètre est en galvanoplastie ce qu'est le manomètre dans la machine à vapeur. — On a souvent intérêt à savoir quelle quantité de métal on peut précipiter suivant les diverses sources électriques dont on dispose. Quand le galvanomètre est intercalé dans le circuit de l'appareil galvanoplastique, on peut, d'après l'angle de déviation de l'aiguille, trouver facilement et immédiatement les quantités précipitées de n'importe quel métal : il suffit de connaître la loi de l'électrolyse et de résoudre une simple proportion, si l'on a, avec l'appareil, un tableau indiquant la quantité d'eau décomposée ou de cuivre précipité, qui correspond aux diverses déviations de l'aiguille. Naturellement, lorsqu'on insère le galvanomètre dans le circuit, il faut veiller à ce que l'aiguille indique le zéro, tant que le courant n'est pas fermé ; en d'autres termes, le fil conducteur du galvanomètre doit être situé dans le méridien magnétique. Il n'est pas possible, sans employer le galvanomètre, d'indiquer avec précision la quantité qui sera précipitée : je donnerai cependant les nombres suivants qui serviront d'indications approximatives.

En une heure, dans une solution acidulée de sulfate de cuivre — l'electrode ayant une surface de 0 mq. 1 — un élément Daniell précipite en une heure 1 gr. 2 de cuivre, un élément Smee en précipite 1 gramme, un élément Bunsen 2 grammes, et une pile thermo-électrique de 128 éléments, Noe, 3 gr. 4.

On peut aussi calculer la quantité de métal déposé par heure, d'après la formule de Waltenhofen :

$$p = 0,003565 \frac{e}{u + \rho \frac{d}{nf}} M.$$

On trouve *p* en grammes, en représentant par 12 la force électromotrice *e* pour un élément Daniell, par 6 la force électromotrice pour un élément Smee, par 20 pour un élément Bunsen, par 1 pour un élément thermo-électrique Noe. En outre, M désigne l'équivalent du métal précipité (31,7 pour le cuivre, 196 pour l'or, etc.); *u*, résistance dans un élément, doit être déterminé au préalable; ρ est la résistance du liquide, rapportée à un centimètre carré des électrodes, à une distance de 1 centimètre; c'est 21 pour une solution concentrée de sulfate de cuivre, 12,3 pour une solution de sulfate de cuivre étendue à 35°B et acidulée avec 3 0/0 d'acide sulfurique, etc.; *d* est la distance des plaques en centimètres, *n* le nombre des éléments de la pile, *f* la grandeur des plaques (grandeur des électrodes) exprimée en centimètres carrés.

Je ne puis, cela est évident, décrire les nombreux galvanomètres qui ont été construits. Parmi les meilleurs on peut citer ceux de Marcel Deprez, construits par Carpentier à Paris, ceux de Ayrton et Perry de Londres et enfin ceux de Uppenborn jeune de Hanovre.

Pour terminer ce chapitre, nous reproduisons, d'après Ferrini, deux tableaux de la force électromotrice des éléments de pile les plus employés.

TABLEAU I.

NOM de l'élément.	NATURE.	FORCE ÉLECTROMOTRICE EN VOLTS d'après					
		Clark Sabine.	Sprague.	De la Rive.	Beetz.	Naclari.	Du Moncel.
Wollaston...	Zinc amalgamé et cuivre dans de l'acide sulfurique étendu (1 : 12	0,886	0,861	0,719	—	—	—
Smee........	Zinc amalgamé dans de l'acide sulfurique étendu, argent platiné ou platine, dans de l'acide sulfurique étendu (1 : 12)	1,098	1,107	0.541	—	1,192	—
Daniell......	Zinc amalgamé dans de l'acide sulfurique étendu (1 : 4); cuivre, dans une solution saturée de sulfate de cuivre.	1,079	1,079	1,079	—	1,079	—
»	Zinc dans de l'acide sulfurique étendu (1 : 12); cuivre, dans une solution saturée de sulfate de cuivre	0,978	—	—	—	—	0,98
»	Zinc dans de l'acide sulfurique étendu (1 : 12); cuivre, dans une solution saturée de nitrate....................	1,00	—	—	—	—	—
Minotto		—	—	—	—	0,96	—
Callaud		—	—	—	—	0,97	—
Ponci		—	—	—	—		
Leclanché ...		1,481	1,561	1,942	1,259	0,993	—

Tableau II.

NOM de l'élément.	NATURE.	FORCE ÉLECTROMOTRICE EN VOLTS d'après					
		Clark Sabine.	Sprague.	De la Rive.	Beetz.	Naclari.	Du Moncel.
Leclanché...	Zinc dans une solution de chlorure de sodium, charbon avec bioxyde de manganèse, dans une solution de chlorure de sodium................	—	1,493	—	—	1,360	1,34
Marié-Davy..	Zinc dans l'acide sulfurique étendu (1 : 12), charbon dans le sulfate de sous-oxyde de mercure.............	1,524	1,542	—	—	1,482	1,44
Grove.......	Zinc dans l'acide sulfur. étendu (1 : 12), platine dans l'acide nitrique fumant.	1,956	—	—	—	—	—
»	Zinc comme plus haut, platine dans l'acide nitrique de densité 1,38......	1,809	—	—	1,8[illegible]7	1,88	—
Bunsen......	Zinc comme plus haut, charbon dans l'acide nitrique fumant.............	1,964	—	—	—	—	1,95
»	Zinc comme plus haut, charbon dans l'acide nitrique (densité 1,38).........	1,888	—	—	1,941	1,88	—
»	Zinc comme plus haut, charbon dans le bichromate de potassium.........	2,028	1,905	—	—	2,12	—
Grenet	Zinc et charbon dans le bichromate de potassium.........	—	—	—	—	1,825	—
Callan.......	Zinc dans l'acide sulfurique comme plus haut, fer dans l'acide nitrique.......	—	—	—	—	1,991	—

CHAPITRE VI

Appareils et ustensiles pour les opérations électrolytiques.

Je n'ai certes point l'intention de décrire en détail tous les appareils accessoires de toutes les opérations électrolytiques et particulièrement de celles auxquelles on a recours dans l'analyse chimique; elles sont du reste bien connues des spécialistes; je me bornerai à décrire les appareils qui servent en particulier pour l'électrolyse.

Pour l'analyse qualitative, on se sert en général de l'appareil représenté figure 27. C'est un verre à réactif, de 100 à 120 millimètres de hauteur, de 15 millimètres de largeur, fermé par un bouchon de liège enduit de paraffine; ce bouchon est traversé par deux fils de platine de 1 millimètre et demi d'épaisseur, qui descendent jusqu'au fond du tube et qui, au-dessus du bouchon, sont reliés par de petites vis de pression avec les fils de la pile. Le verre à réactif est fiché dans le bouchon d'un cylindre de verre fixe, ou bien on le tient avec une pince de bois.

Schweder recommande, par les recherches électrolytiques, des gobelets de verre, sur lesquels on place des verres de montre percés de trous pour laisser passer les fils polaires.

La figure 28 représente les formes les plus usitées

maintenant pour les électrodes négatives servant aux opérations analytiques quantitatives par l'électrolyse; c'est par la Direction des mines de Mansfeld qu'elles ont été employées pour la première fois. Pour déterminer de grandes quantités d'un métal, il faut préférer la feuille de platine cylindrique *a* représentée en demi-grandeur; pour de plus grandes quantités, le cône tronqué de platine, représenté également en demi-grandeur. —

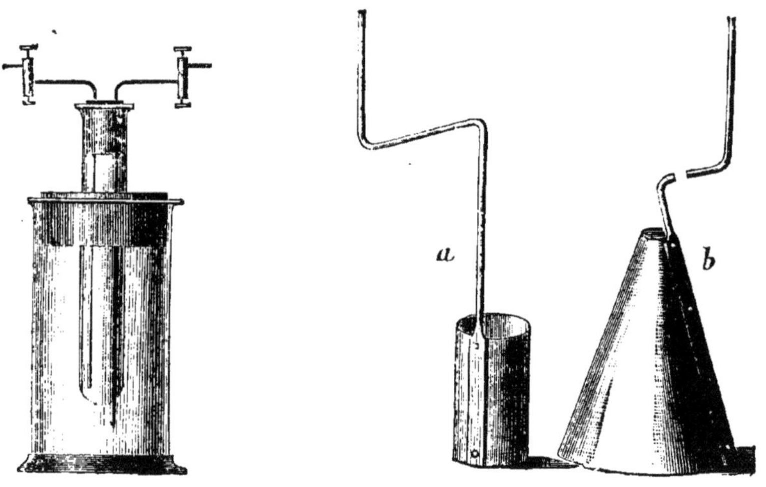

Fig. 27. Fig. 28.

Classen prend, au lieu de ces formes, une feuille de platine, mince et profonde (fig. 29). L'établissement allemand pour la séparation de l'or et du platine, à Francfort-sur-le-Mein a, sur les conseils de ce même chimiste, remplacé les capsules de platine, qui sont chères, par des capsules de nikel, doublées de platine. Celles-ci rendent les mêmes services que les capsules de platine pur; seulement elles ne supportent pas la calcination. Il faut les dessécher au bain d'air; sinon le nikel se ternirait. Classen propose comme la forme la plus convenable pour la capsule de platine celle que la figure 29 représente en demi-grandeur.

La figure 30 représente les électrodes positives : *a* est la forme que Classen emploie avec les capsules de

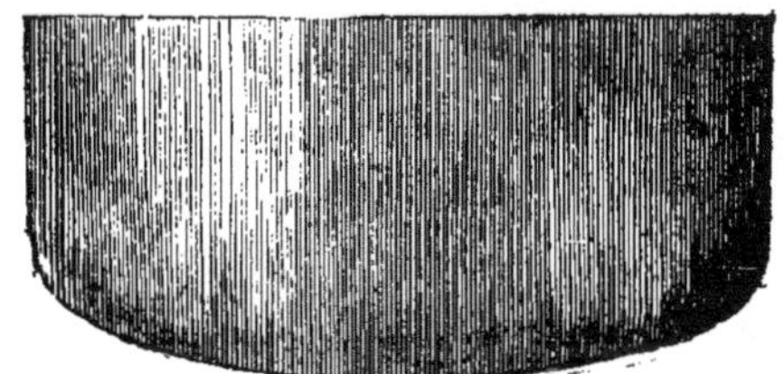

Fig. 29.

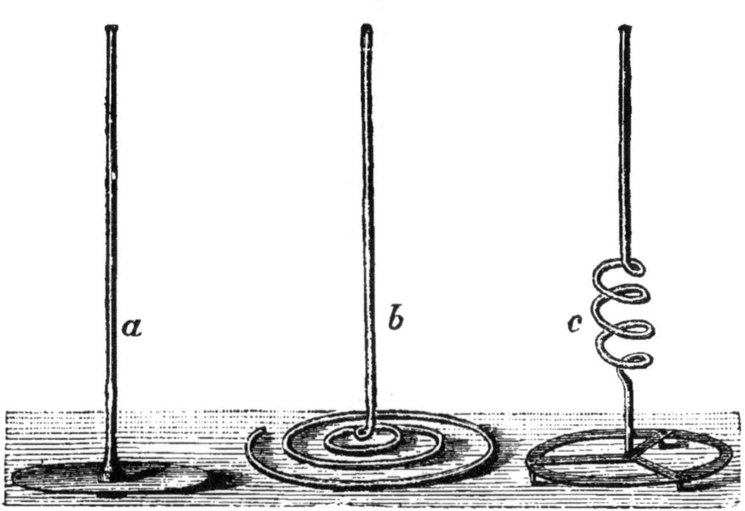

Fig. 30.

platine; *b* et *c* sont les modèles employés par la Direction des mines de Mansfeld; *a* est une feuille de platine d'épaisseur moyenne et de 45 millimètres de diamètre environ, qui est fixée par une petite vis de platine à un fil de platine assez épais.

La figure 31 représente l'ensemble d'un appareil électrolyseur, avec électrodes Classen, et avec deux éléments Bunsen, fonctionnant comme générateurs de courant. Pour éviter toute perte, la capsule de platine est recouverte d'un verre de montre au milieu duquel est percé un petit trou.

Quand on est forcé de précipiter un métal en solution acide (par exemple du cuivre en présence de zinc et de

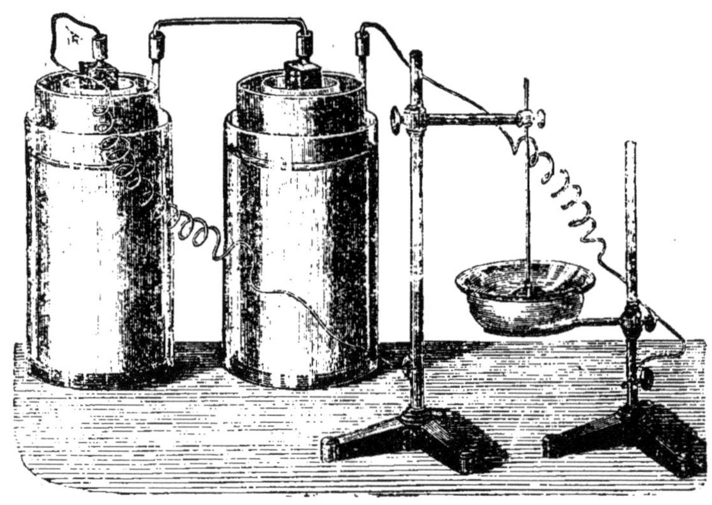

Fig. 31.

fer), il faut, après avoir terminé la précipitation, laver le métal sans interrompre le courant. Classen recommande pour ce cas la disposition représentée par la figure 32. Les deux supports de laiton, *K* et *K'*, dont le second supporte la capsule de platine, sont reliés soit à une pile Clamond, *C*, comme celle décrite page 56, soit à une pile d'éléments Bunsen ou Meidinger, soit enfin à une machine électro-magnétique ou dynamo-électrique. Les petits siphons de verre, *h* et *h*[1], d'égales dimensions, servent, quand la précipitation est terminée, au lavage du métal réduit, lavage que l'on opère sans interrompre le courant. Il est facile de reconnaître quand il ne reste plus de liquide acide, car à ce moment on ne voit plus de bulles de gaz à l'électrode positive. On retire alors le siphon h^1 du liquide, on laisse le contenu de la capsule de platine s'écouler, on arrose le métal — pour enlever l'eau adhérente — d'abord avec

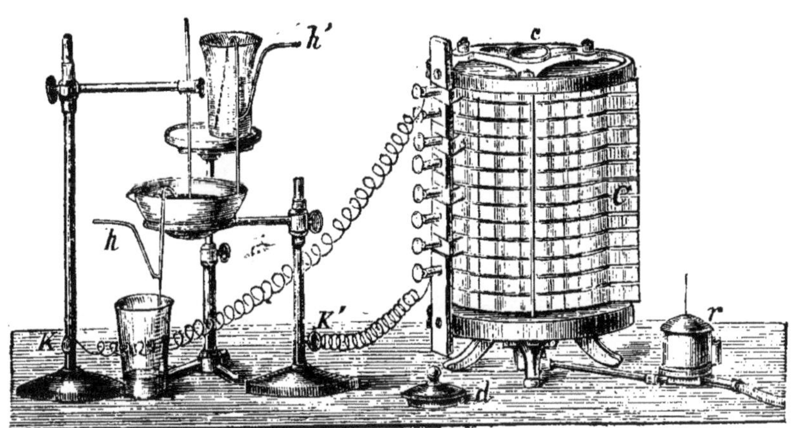

Fig. 32.

de l'alcool concentré, puis avec de l'éther absolu, et on dessèche au bain d'air entre 90° et 100°.

La figure 33 représente la disposition à adopter avec les électrodes de la direction des mines de Mansfeld. L'électrode négative est la feuille de platine cylindrique, *A*, de la figure 28 *a*; l'électrode positive est le fil de platine, enroulé en spirale, de la figure 30 *b*.

L'électrode positive de la disposition *B* (fig. 33) se compose d'un anneau plat, de platine, reposant sur trois pieds, duquel partent vers le centre, trois bandes minces disposées en rayon — et d'un fil de platine soudé au milieu. L'électrode négative a, dans ce cas, la forme du manteau conique de platine représenté figure 28 *b*.

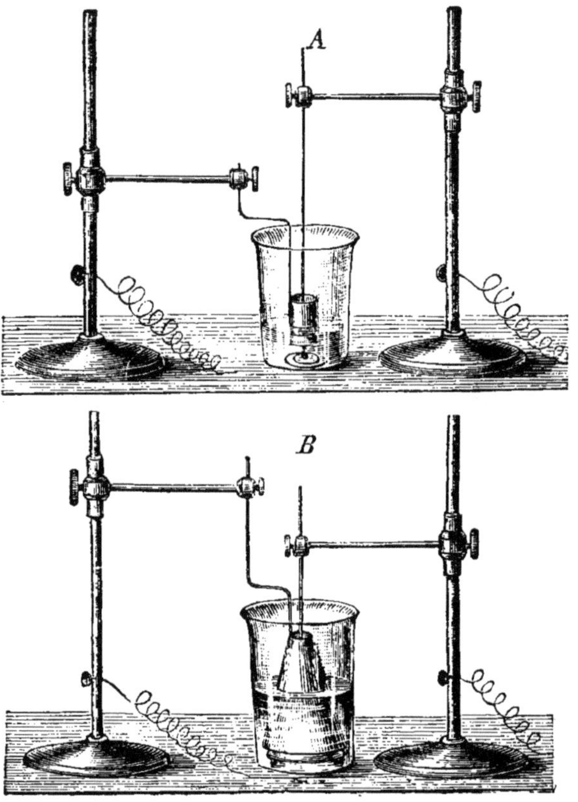

Fig. 33.

Il va de soi qu'on modifie ces combinaisons, de maintes façons, selon qu'on a en vue provisoirement tel ou tel but. On a aussi construit toutes sortes d'appareils divers, parmi lesquels je me bornerai à mentionner les suivants.

Pour préparer le magnésium par la décomposition

du chlorure double de potassium et de magnésium, en fusion, Fischer emploie des vases allongés en graphite ou en magnésie; les plaques positives *a* de charbon (figure 34), se trouvent sur les deux côtés longitudinaux, la plaque négative est au milieu. Quelquefois Fischer adopte la disposition inverse. Le gaz réducteur ou indifférent est introduit en *e;* le mélange gazeux se dégage

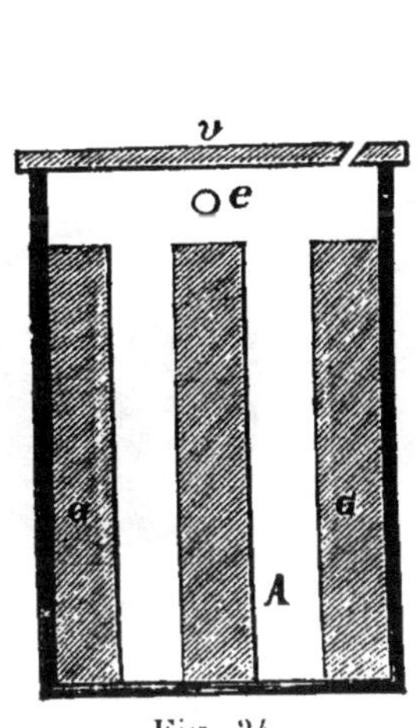

Fig. 34.

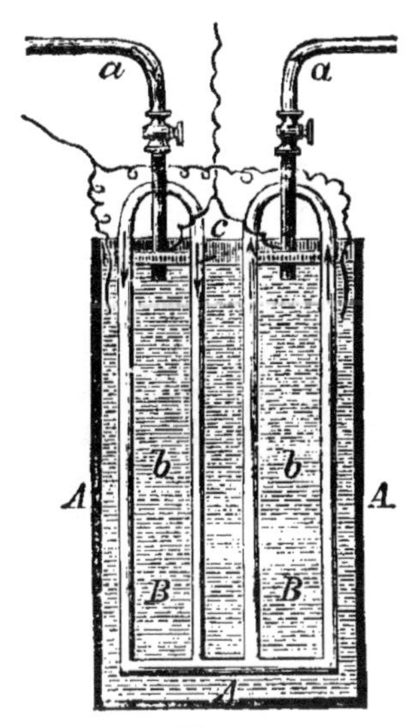

Fig. 35.

en partie par les fissures qui restent entre le vase et le couvercle *v*, en partie par un tuyau au bout opposé de la pile.

Pour préparer le magnésium au moyen du chlorure, Bunsen se sert d'un creuset de porcelaine, ayant environ 9 centimètres de haut, 5 centimètres de large, séparé en deux parties par une cloison descendant jusqu'à mi-hauteur, et surmonté d'un couvercle que traversent les deux pôles charbon de la pile.

E. Hagen d'Ealing emploie pour la préparation de

l'ozone un vase A (figure 35) rempli d'eau acidulée, dans lequel sont suspendus deux vases cylindriques B; des récipients plus étroits, *b*, sont à leur tour suspendus dans les vases B. Les récipients *b* sont également remplis d'eau acidulée. L'une des électrodes d'une source d'électricité plonge dans cette eau, tandis que l'autre pénètre dans l'eau du vase A. On fait le vide dans les intervalles annulaires restant entre B et *b*; puis on fait passer, par ces intervalles et par le tube *c*

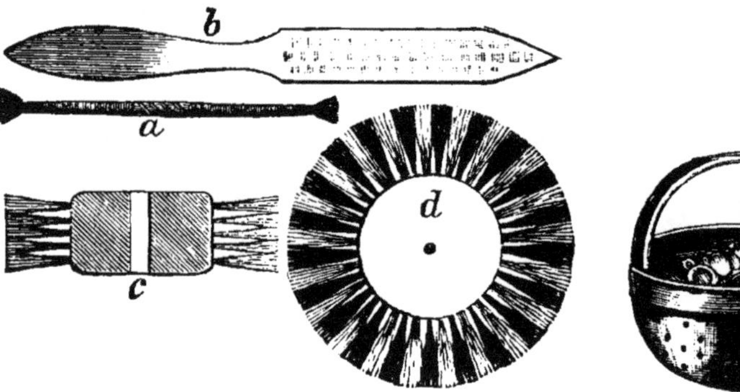

Fig. 36. Fig. 37.

qui les réunit, de l'oxygène sous une très faible pression. Il paraît que l'ozonisation est rapide et cinq à six fois plus forte que sans cet appareil. L'ozone se dégage par le tube *à*.

Les brosses pour nettoyer les surfaces à métalliser sont au nombre des ustensiles les plus importants du *galvanoplaste*. La figure 36 représente les formes les plus importantes de ces brosses, d'après le docteur Langbein.

On renferme dans des récipients de diverses formes les acides dont on se sert pour nettoyer chimiquement.

Pour décaper et métalliser de petits objets, on se sert

de cribles à anse, en grès (figure 37), que l'on immerge avec les objets à traiter.

Les appareils spéciaux pour la galvanoplastie peuvent se diviser en deux groupes, selon que le précipité se produit à l'intérieur d'un élément ou que le bain dans lequel le précipité se produit est indépendant de la source du courant électrique et est relié avec elle par

Fig. 38.

un fil conducteur. Les appareils du premier groupe ne sont autres que les piles ; ici l'objet sur lequel doit se produire le dépôt galvanoplastique forme l'excitateur négatif et est entouré par le liquide propre à la production du précipité. Ce système n'est applicable en grand qu'à la précipitation du cuivre du sulfate de cuivre. L'argenture et la dorure ne seraient pas plus difficiles, mais on les pratique plus économiquement par le second système. Les appareils du premier groupe fonctionnent très bien ; mais, avec les dimensions qu'ils ont d'ordinaire, ils n'opèrent que lentement, et ils ne permettent pas de ralentir ou d'accélérer le phénomène chimique par les moyens ordinaires.

Au nombre des appareils du premier groupe, dits appareils *simples*, il faut compter celui qui a été décrit par l'inventeur de la galvanoplastie et nommé, pour cette raison, appareil de Jacobi. La figure **38 A** peut en donner une idée.

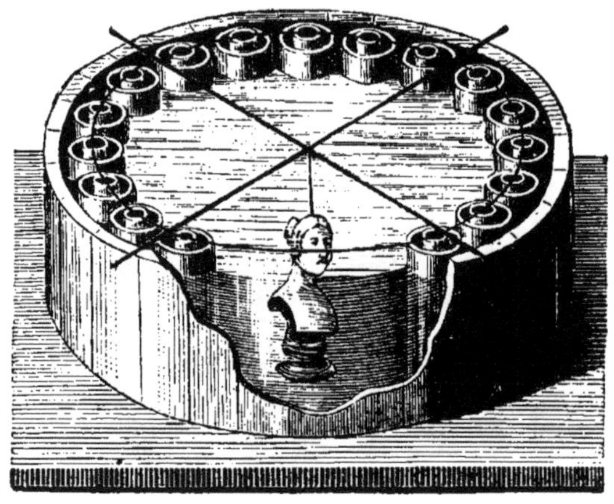

Fig. 39.

Les figures 38 B, 39 et 40 représentent d'autres formes. L'appareil Jacobi se compose d'un vase de verre contenant une solution concentrée de sulfate de cuivre, et d'un cylindre de verre, intérieur, plus court, ouvert en haut, fermé en bas par une membrane poreuse et rempli d'acide sulfurique étendu. Une plaque de zinc est librement suspendue dans le cylindre de verre intérieur ; l'objet à recouvrir repose sur la plaque de cuivre au fond du grand verre. La plaque de zinc et le cuivre sont réunis par un fil conducteur isolé dans la solution de sulfate de cuivre. Au lieu du cylindre intérieur à diaphragme, on peut prendre aussi un vase de terre poreuse.

Cet appareil ne convient pas très bien pour cuivrer de grands objets sur toutes les faces ; car il n'agit guère que d'un côté (dans la direction du zinc). On peut, dans ce cas, recourir à une disposition semblable à celle que représente la figure 39. Contre les parois d'un vase spacieux, une cuve, par exemple, il y a un grand nombre de vases poreux, rapprochés les uns des autres.

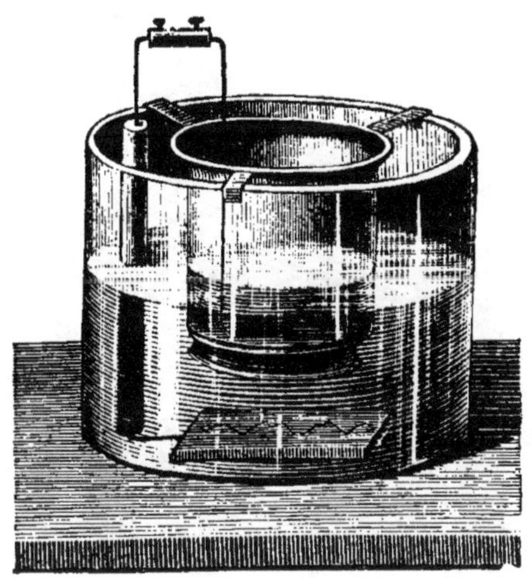

Fig. 40.

Les cylindres de zinc qui se trouvent dans ces vases poreux sont réunis ensemble par un fil conducteur. Une croix de fil de laiton, reposant sur le cuivre, sert à suspendre l'objet à cuivrer ; celui-ci, — le buste que représente la figure 39, par exemple, — se recouvre de métal uniformément, car les diverses parties sont suffisamment éloignées des cylindres de zinc.

Pour recouvrir, d'un seul côté, de grandes surfaces planes ou du moins des surfaces n'ayant que de faibles creux et saillies, il y a lieu d'employer la disposition représentée figure 40 ; la surface repose horizontalement sur le fond du vase. (Quand elle est verticale, il se produit facilement des stries, et même de véritables sillons, par l'effet des courants qui s'établissent dans le liquide.) De la surface à recouvrir part un fil conducteur, qui se redresse verticalement, et qui, dans cette partie verticale,

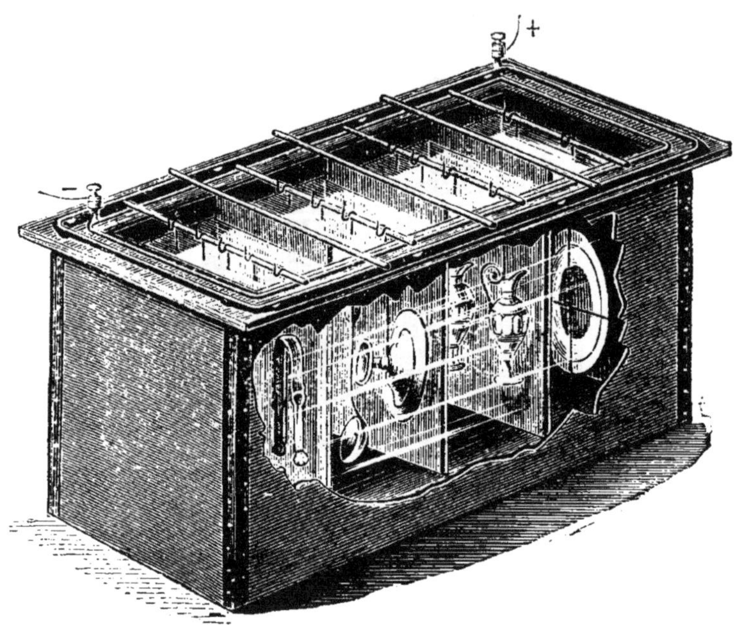

Fig. 41.

est entouré d'un tube de verre ou de gutta-percha, ce qui l'empêche de se recouvrir de cuivre inutilement; en haut, en dehors du vase, le fil conducteur attaché à la surface à recouvrir se relie avec le fil attaché au zinc.

Le vase dans lequel se trouve le zinc est un cylindre (de verre ou de bois) ouvert en haut, fermé en bas par un morceau de vessie, par de la peau ou par du papier parchemin. On peut facilement préparer soi-même le papier parchemin : il suffit de plonger de bon papier à impression, fort, non collé, pendant quelques instants (un quart de minute à une demi-minute) dans un mélange froid de deux volumes d'acide sulfurique anglais concentré et d'un volume d'eau. Quelle que soit, du reste, la matière, on attache

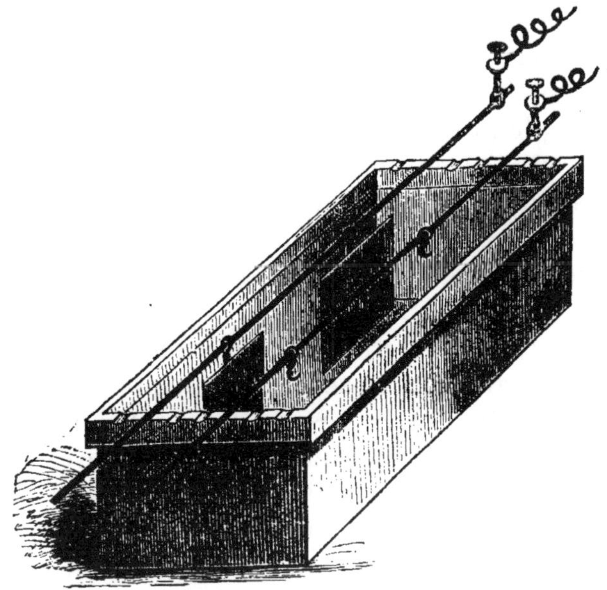

Fig. 42.

solidement ce diaphragme sur les bords du cylindre. Le zinc est un disque épais, présentant quelques trous, préparé par fusion et moulage. On le maintient à 7 millimètres environ de la cloison poreuse. Le fil conducteur est soudé au zinc, à moins qu'on ne l'ait engagé dedans pendant la fusion.

Le cylindre a un rebord en haut, et il est suspendu par ce rebord dans un anneau métallique qui repose par trois appuis sur le grand récipient. La distance entre la cloison et la surface polaire négative doit être au moins de 4 centimètres.

Les appareils galvanoplastiques du second groupe consistent en bocaux ou autres vases imperméables contenant la solution métallique à électrolyser. Au-dessus du récipient se trouvent deux tiges métalliques, l'une reliée avec l'un des pôles terminaux de la pile, l'autre avec l'autre pôle. A la tige reliée au pôle zinc de la pile on suspend les objets à métalliser; à la tige reliée au pôle positif, on suspend l'anode, qui est généralement une plaque du métal en solution : une plaque d'argent pour l'argenture. En augmentant ou en diminuant les éléments, le galvanoplaste peut accélérer ou ralentir le dépôt : c'est là le principal avantage que présentent ces appareils sur ceux du premier groupe.

Pour les grandes opérations, par exemple pour l'argenture en grand, on se sert généralement de caisses allongées, hautes et larges de 0 m. 90, longues de 1 m. 80, garnies intérieurement de gutta-percha pour que le liquide ne puisse pas pénétrer dans le bois à des distances de 0 m. 30 à 0 m. 60, des plaques d'argent d'une largeur égale à la section de la caisse sont suspendues dans le liquide; dans les intervalles se trouvent les objets à argenter.

La figure 41 représente une disposition de ce genre. Les plaques d'argent positives communiquent toutes les unes avec les autres, par l'intermédiaire d'un cadre-support auquel aboutit le fil conducteur venant de la plaque polaire négative de la pile. Les objets à argenter, cuillères et fourchettes, par exemple, sont suspendus à de minces fils conducteurs enroulés chacun autour d'un fil de laiton qui leur sert de support. Ces fils de laiton reposent sur la caisse par deux de ses bords, mais ils sont reliés avec le fil conducteur venant du zinc de la pile. Le phénomène galvanoplastique commence aussitôt qu'on a mis dans le bain un de ces supports en fil de laiton, avec les objets à métalliser.

CHAPITRE VII

Analyse électrolytique.

Gibbs est le premier chimiste qui ait employé le courant électrique pour précipiter le cuivre de ses solutions ; et en déterminer la quantité. Luckow vint ensuite et perfectionna la méthode de dosage électrolytique des métaux et des alliages, consistant à les précipiter, réduits, au pôle négatif, ou peroxydés, au pôle positif. Supérieure en beaucoup de points à d'autres méthodes de dosage, celle-ci trouva bientôt de nombreuses applications ; un grand nombre d'éminents chimistes se mirent à la perfectionner et à l'appliquer à des corps qui n'avaient pas été dosés ainsi. Il faut citer particulièrement les travaux de Riche, de M. A. Reiss, de Ferdinand Fischer (de Hanovre) et d'Alexandre Classen (Aix-la-Chapelle). Je ferai la part de chacun, dans l'exposé qui suit.

Classen a institué une méthode générale pour le dosage des divers métaux ainsi que des substances composées. Cette méthode très élégante, consistant à transformer les métaux en oxalates doubles, solubles, donne presque toujours des résultats exacts.

Pour l'analyse qualitative, on fait passer le courant électrique, pendant 10 à 15 minutes environ, à travers la solution à essayer, contenue dans un verre à réactif semblable à celui de la figure 27. Ce genre de verre sera décrit plus loin. La manière dont s'opère la décomposition, ou l'abondance du dégagement de gaz, la couleur du précipité, etc., fournissent déjà mainte indication concernant la nature du corps qu'on étudie. On examine attentivement la couleur, l'éclat, la solubilité et les autres caractères du métal qui se précipite et on active la précipitation, on alcalinise ensuite la solution, on lave les fils et on continue l'électrolyse.

On reconnait immédiatement le cuivre à sa belle couleur rouge, le mercure à ses globules, le nikel et le cobalt à leur éclat particulier et à leur difficile solubilité dans les acides; le zinc et le cadmium à leur couleur et à leur solubilité dans la lessive de potasse. Le plomb, l'argent, le bismuth forment des peroxydes qui se séparent dès le commencement de l'opération, à l'exception de l'acide bismuthique, lequel ne se forme que plus tard et très lentement. Le peroxyde d'argent se dissout dans l'ammoniaque, avec dégagement d'azote.

Pour l'analyse quantitative des combinaisons insolubles que forment les métaux avec le chlore, le brome, l'iode, le cyanure, le ferrocyanure et le ferricyanure. Luckow, selon la revue *Zeitschrift fur analytische chemie*, ajoute de l'acide sulfurique ou de l'acide nitrique, étendu, et précipite les métaux au pôle négatif, dans un creuset ou dans une capsule de platine, tandis que les halogènes se dégagent au pôle positif, qui est un fil de platine. Avant d'arroser avec l'acide étendu on humecte d'un peu d'eau la combinaison qu'on a placée dans le creuset de platine; par l'effet de l'évaporation de l'eau, la substance à décomposer s'attache au fond du récipient.

Dans l'électrolyse des oxalates doubles d'ammonium et d'un métal, comme le propose Classen, l'oxalate métallique se décompose en métal et en acide carbonique, l'oxalate d'ammonium en ammonium et en acide carbonique, et l'acide carbonique qui apparaît au pôle positif se réunit à nouveau avec l'ammonium pour former de l'hydrocarbonate d'ammonium. Quand on soumet à l'éclectrolyse, non plus un oxalate double d'ammonium, mais un oxalate double de potassium, il se produit une décomposition analogue; mais le potassium provenant de la décomposition de l'oxalate de potassium en acide carbonique et en potassium réagit sur l'eau, et par suite de cette réaction secondaire il se dégage de l'hydrogène au pôle négatif. Quant à l'acide carbonique qui se forme au pôle positif, il se combine avec l'hydroxyde de potassium qui s'y est formé, et il constitue ainsi de l'hydrocarbonate de potassium.

Selon Fischer, *tous les métaux du sixième groupe* sont précipités de leurs chlorures, sous forme de régule, par le courant électrique; et la précipitation s'opère, même en présence d'une petite quantité d'acide chlorhydrique libre. Quand il y en a une grande quantité, on le neutralise par l'ammoniaque.

L'antimoine se sépare du trichlorure en formant un précipité qui, selon la concentration de la solution, présente une couleur comprise entre le brun foncé et le gris clair métallique. Ce précipité n'est pas adhérent; il se dissout difficilement dans l'acide chlorhydrique, facilement dans l'acide nitrique, surtout lorsqu'on a préalablement humecté le métal avec de l'acide chlorhydrique.

L'antimoine se précipite facilement et complètement, des solutions de tartre, sous forme de régule.

Selon Classen, l'antimoine précipité de sa solution chlorhydrique, même après addition d'oxalate de potassium, a l'inconvénient de ne pas adhérer suffisamment à l'électrode. Une addition de tartrate alcalin remédierait à ce défaut, mais ralentirait notablement la précipitation.

L'antimoine est parfaitement précipité de ses sulfosels par le courant. D'après Classen, on aurait avantage à se servir de cette propriété pour l'analyse des alliages de plomb et d'antimoine. Voici comment on opère :

On fond, à une très douce chaleur, 0 gr. 2 environ de l'alliage réduit en petits fragments, — avec environ quatre fois autant d'un mélange de soufre et de carbonate de soude, on épuise la masse fondue à l'eau bouillante, on sépare au moyen du filtre le sulfure de plomb insoluble, et on l'arrose sur le filtre, à plusieurs reprises, avec une solution jaune de sulfure d'ammonium. On élimine enfin le sulfure d'ammonium par lavage à l'eau et on réduit le sulfure de plomb à une douce chaleur dans un courant d'hydrogène; on pèse le plomb réduit. — On peut alors précipiter l'antimoine directement, par l'électrolyse, dans le liquide séparé du sulfure de plomb par filtration. On observe toujours, dans ce cas, qu'il se sépare du sulfure d'antimoine à l'électrode positive; quand il y a du sulfure d'ammonium en excès, le sulfure d'antimoine disparait peu à peu ou est réduit. Quand on n'accélère pas trop la réduction, c'est-à-dire quand on n'emploie pas un courant trop fort, l'antimoine se dépose sous forme d'un bel enduit gris clair, adhérant fortement à l'électrode. Lorsque la réaction est terminée, on décante le liquide en excès et on lave le résidu, à la manière ordinaire, avec de l'alcool et de l'éther.

On ne peut, selon Fischer, séparer l'*arsenic* quantitativement, ni de sa solution aqueuse, ni de sa solution chlorhydrique. Une partie de l'arsenic se sépare de la solution aqueuse, — à l'état métallique; quant à la solution chlorhydrique, tout son arsenic se dégage à l'état d'hydrogène arsénié, si l'on prolonge suffisamment l'action du courant.

Classen dose l'arsenic, après l'avoir transformé en trisulfure, ou après l'avoir préalablement oxydé et l'avoir transformé en arsénite de magnésium et d'ammonium.

Pour séparer l'antimoine et l'arsenic, cet analyste introduit dans une petite cornue la solution chlorhydrique de ces deux corps, il ajoute vingt-cinq centimètres cubes environ d'acide chlorhydrique fumant, il met une allonge qu'il maintient froide, et il distille environ les deux tiers du contenu de la cornue. Le liquide distillé contient tout l'arsenic à l'état de chlorure; le trichlorure reste dans la cornue.

D'après Fischer, l'*étain* précipité du protochlorure et du bichlorure, par le courant, est généralement d'un blanc métallique, mat, et se dissout facilement dans les acides étendus, surtout au contact du platine.

Dans l'électrolyse des chlorures d'antimoine et d'arsenic, il se dégage, au pôle négatif, un peu d'hydrogène antimonié et d'hydrogène arsénié. Lorsque les trois métaux se trouvent dans la même solution, on précipite d'abord l'arsenic, puis l'antimoine, puis l'étain.

Selon Classen, l'étain se précipite de la solution de l'oxalate double d'ammonium en formant sur le platine un bel enduit d'un blanc d'argent. Mais si l'on remplace l'oxalate d'ammonium par l'oxalate de potassium, le dosage électrolytique présente des difficultés, car un sel basique, irréductible, apparaît alors au pôle opposé. Quand on précipite l'étain en solution acide, il ne faut pas interrompre le courant pendant le lavage du métal : précaution inutile quand on emploie l'oxalate d'ammonium.

Comme, par les méthodes d'analyse pondérale ordinaires, il est difficile de séparer l'étain du plomb, on a avantage à employer l'électrolyse pour cette séparation. On fait digérer une petite quantité de l'alliage avec de l'acide nitrique jusqu'à ce que l'étain soit complètement transformé en oxyde, on évapore l'excès d'acide nitrique, on étend d'eau et on sépare au moyen du filtre, le bioxyde d'étain insoluble qui contient toujours des quantités dosables d'oxyde de plomb. On lave cet oxyde d'étain avec de l'eau aiguisée d'acide nitrique, on le dissout dans l'acide chlorhydrique concentré et chaud, on l'évapore au bain-marie presque jusqu'à siccité et on ajoute à la solution aqueuse du résidu un excès d'oxalate d'ammonium. En soumettant alors la solution à l'électrolyse, on obtient, sur l'électrode positive, à côté de l'étain, le plomb à l'état de peroxyde. Lorsque la réduction est terminée, on pèse les deux électrodes. Le liquide séparé de l'oxyde d'étain par filtration contient la plus grande partie du plomb; on dose ce métal à l'état de sulfate.

On précipite le *platine*, selon Fischer, dans les solutions étendues de bichlorure, auxquelles on ajoute un peu de chlorure de sodium. Le métal se précipite d'abord sous forme de régule ; plus tard sous la forme dite de mousse de platine. C'est principalement sous cette dernière forme que l'on obtient le platine quand on le précipite des chlorures doubles insolubles.

L'or, d'après le même chimiste, est facile à séparer de ses combinaisons solubles et de ses combinaisons insolubles; c'est sous forme de régule qu'il se précipite de ses dissolutions dans le cyanure de potassium. On a soin de recouvrir d'une légère couche de cuivre ou d'argent les vases de platine dans lesquels on opère la précipitation du platine et de l'or.

Lorsqu'on a soin de faire en sorte que les dissolutions des sulfures métalliques dans les sulfures alcalins contiennent un excès de ces derniers, la précipitation de l'antimoine et de l'étain sous forme métallique est complète, — mais la précipitation de l'arsenic ne l'est pas, car ce corps dans sa solution alcaline se transforme facilement en acide arsénique.

Les solutions de l'acide stannique et de l'acide antimonique dans un peu de lessive concentrée de potasse ou de soude fournissent également des dépôts métalliques; mais la précipitation est très incomplète; elle ne s'achève que quand on a fait passer de l'hydrogène sulfuré dans les solutions alcalines ou quand on les a acidulées par l'acide chlorhydrique.

Le cuivre se précipite complètement des solutions contenant de l'acide sulfurique libre, de l'acide nitrique libre (ou de l'acide acétique), lorsque la quantité de l'acide libre, considéré comme anhydride, ne dépasse pas 8 pour 100 du poids de la solution.

Le cuivre se précipite des solutions contenant un peu d'acide chlorhydrique libre, lorsqu'on ajoute un peu de chlorure d'ammonium, de chlorure de sodium ou d'acétate de sodium.

Cresti précipite le cuivre des solutions très étendues de ses sels, au moyen d'un élément zinc-platine; le cuivre forme alors un enduit noirâtre sur le fil de platine. Quand on expose quelques instants l'enduit, lavé avec de l'eau mais non desséché, à l'action des vapeurs d'un mélange d'acide bromhydrique et de brome, tel qu'on l'obtient en décomposant le bromure de potassium par l'acide sulfurique de concentration moyenne, l'enduit de cuivre prend une couleur violet foncé, que l'on reconnait mieux encore en frottant le fil de platine sur une plaque de porcelaine. La réaction est très sensible : quelques centimètres cubes d'une solution contenant un millionième de cuivre suffisent lorsqu'on laisse agir, pendant douze heures, l'élément zinc-platine.

Pour séparer le cuivre de l'arsenic et de l'antimoine, selon Classen, on précipite par l'hydrogène sulfuré, on filtre, puis on fait digérer avec du sulfure de sodium le sulfure d'arsenic et le sulfure d'antimoine. Lorsque ces deux combinaisons se trouvent en grande quantité, on fait digérer les sulfures, obtenus comme plus haut, avec un mélange de soufre et de carbonate de soude, on fond, puis, comme je l'ai dit à propos de l'antimoine, on reprend par l'eau chaude. De la solution qu'on a ainsi obtenue on précipite les sulfures d'antimoine et d'arsenic en ajoutant de l'acide sulfurique étendu jusqu'à réaction acide, on sépare au moyen du filtre, on dissout dans l'acide chlorhydrique fumant, enfin on sépare l'arsenic et l'antimoine par le procédé que j'ai indiqué plus haut.

On sait que *l'argent* se précipite à l'état compacte quand on fait passer le courant à travers les dissolutions du cyanure et du chlorure dans le cyanure de potassium. Ce procédé est appliqué en grand dans l'argenture galvanoplastique ; il sert souvent dans l'analyse quantitative. Selon Luckow, on précipite l'argent d'une solution de nitrate, neutre, étendue, en la faisant traverser par le courant que produisent deux éléments de Meidinger ; l'argent se précipite, à l'état spongieux, sur la capsule de platine formant le pôle négatif, en même temps, le bord et la face intérieure du disque de platine formant le pôle positif se recouvrent de fines aiguilles noires de peroxyde d'argent. Ces aiguilles disparaissent presque complètement du disque, lorsqu'on prolonge l'action du courant. Lorsque tout l'argent est précipité de la solution, on décante le liquide qui surnage, on lave plusieurs fois à la pissette le métal séparé, on fait bien sécher, et on pèse la capsule; l'excédent de poids indique à très peu près la quantité d'argent contenue dans la solution. La perte très légère que l'on constate provient de ce qu'il s'est séparé un peu d'argent, à la fin, par réduction du peroxyde, sur le disque polaire positif.

Dans un mémoire sur l'emploi du courant électrique dans l'analyse chimique, publié après ces détails, Luckow précise sa méthode comme il suit. Au moyen du courant électrique, on précipite l'argent sous forme métallique, très volumineuse, dans les solutions qui contiennent tout au plus 8 à 10 pour 100 d'acide nitrique libre; en même temps, il se forme un peu de peroxyde au pôle positif. On empêche cette formation, en ajoutant une solution de glycérine, ou de sucre de lait, ou d'acide tartrique.

Les expériences de Fresenius jeune et de Bergmann confirment ce qui précède; cependant ces chimistes ont réussi, en faisant passer un courant faible, dans des solutions contenant de l'acide nitrique libre, à précipiter l'argent à l'état compact, sous forme parfaitement métallique; ce métal adhérait à l'électrode; néanmoins on pouvait facilement l'obtenir. Fresenius et Bergmann donnent les conseils suivants : Que, dans 200 centimètres cubes du liquide à électrolyser, il y ait de 0 gr. 03 à 0 gr. 04 d'argent métallique et de 3 à 6 grammes d'acide nitrique libre, que les électrodes soient distantes de 10 millimètres et que l'intensité du courant corresponde à un dégagement de 100 à 150 centimètres cubes de gaz tonnant par heure.

Selon Classen, les solutions neutres des sels d'argent additionnées d'oxalate d'ammonium donnent un précipité blanc d'oxalate d'argent insoluble dans un excès d'oxalate. On filtre, on lave soigneusement à l'eau froide, on dissout le précipité sur le filtre au moyen d'un mélange de cyanure de potassium et d'ammoniaque et on soumet la solution à l'électrolyse. Comme l'argent ne se sépare pas à l'état compact, quand on emploie de forts courants, on prend un élément qui donne un courant dont l'intensité ne corresponde pas à plus de 80 à 100 centimètres cubes de gaz tonnant par heure. Lorsque la réduction est terminée, on décante le liquide, on lave l'argent à plusieurs reprises avec de l'eau, on enlève l'eau par des lavages à l'alcool concentré, puis à l'éther absolu. Enfin, on place la capsule dans un bain d'air chauffé à 100° ; au bout de quelques minutes, son poids devient constant.

Le *mercure* se précipite complètement, sous forme de gouttes, de ses solutions d'oxydule et d'oxyde ; il se sépare également sous cette forme, et sans difficulté, de ses combinaisons insolubles. Quand on précipite, en même temps, d'autres métaux, ils forment des amalgames avec le mercure.

Selon Classen, le mercure se sépare sans difficulté des solutions faiblement acidulées et adhère parfaitement à l'électrode de platine. La réduction terminée, on lave le métal sans interrompre le courant, on enlève l'eau en lavant à plusieurs reprises avec de l'alcool et de l'éther, et on dessèche dans l'exsiccateur, au-dessus de l'acide sulfurique.

Quand on précipite le *plomb* en solution neutre, il se rend en partie, au pôle négatif, à l'état métallique, en partie à l'état de peroxyde au pôle positif. Il ne se précipite complètement à l'état de métal que quand il se trouve en présence de corps facilement oxydables, qui empêchent la formation du peroxyde. Dans les solutions alcalines de plomb, le courant électrique ne précipite que du métal sous une forme un peu volumineuse; quant à la petite quantité de peroxyde qui apparait tout d'abord au pôle positif, elle ne tarde pas à disparaître. Pour qu'il ne se forme que du peroxyde dans une solution de plomb, pure, il faut qu'il y aît plus de 10 0/0 d'acide nitrique. Lorsque la solution contient du cuivre avec le plomb, tout le plomb se sépare au pôle positif, même en présence de petites quantités d'acide nitrique, même lorsqu'il n'y a que très peu de cuivre dans la solution. D'autres métaux, tels que l'argent et le mercure, se comportent de la même manière, mais enveloppent un peu de plomb dans leurs précipités métalliques. Le cyanure de plomb est insoluble dans le cyanure de potassium.

Selon Parodi, on peut séparer le plomb à l'état compact quand il se trouve en solution alcaline, à l'état de tartrate, en présence d'acétate de potasse.

Selon Classen, on ne peut recommander le dosage électrolytique du plomb, l'électrolyse réussissant rarement, d'une façon complète, en ce qui concerne ce métal. Lorsque la quantité du peroxyde de plomb séparé est assez considérable pour que ce métal n'adhère plus solidement et pour qu'il ne soit plus transporté mécaniquement sur l'électrode négative, on ne parvient pas à exécuter ce dosage sans perte se produisant par la dissolution du peroxyde. Quand on soumet l'oxalate double à l'électrolyse, tout le plomb se sépare à l'état de métal, mais il s'oxyde à l'air avec une telle rapidité qu'on ne peut que rarement dessécher le résidu sans décomposition, même quand on opère dans un courant de gaz d'éclairage.

Le *bismuth*, selon Fischer, se précipite, au pôle positif, sous forme de régule, dans les solutions qui contiennent un peu d'acide nitrique libre ; un peu de peroxyde se sépare en même temps. Dans les combinaisons insolubles de bismuth, le métal se sépare facilement à l'état de masse noire.

Selon Classen, on dilue avec un peu d'eau la solution de sulfate de bismuth, on ajoute de l'oxalate d'ammonium en excès et on électrolyse. Comme il est assez difficile de séparer le bismuth, à l'état de masse compacte, sur le platine, il faut avoir soin de prendre une surface aussi grande que possible et de remplir la capsule jusqu'au bord. Dans ce cas également, il se sépare du peroxyde au pôle positif, mais ce peroxyde disparaît lentement. Pour protéger contre l'oxydation le métal réduit, il est nécessaire d'éliminer les dernières traces d'eau en lavant abondamnent avec de l'alcool concentré et de l'éther absolu. Si, pendant le lavage, des parcelles métalliques se détachent de la capsule, il faut les recueillir sur un filtre pesé et les doser séparément.

Le *cadmium*, selon Fischer, se précipite complètement sous forme de métal gris de zinc, dans les solutions neutres du sulfate, du nitrate et de l'acétate. La quantité de l'acide libre séparé dans la solution sulfurique peut s'élever jusqu'à 1,5 et 2 pour 100, sans que la précipitation du cadmium soit empêchée. De même, le cadmium se précipite complètement dans ses solutions additionnées d'acétate de sodium en excès. Dans la solution de cadmium et d'oxalate d'ammonium, il se précipite un enduit gris qui n'adhère pas très fortement à l'électrode mais qui adhère assez pour ne pas se détacher quand on lave avec précaution.

Beilstein et Javéin neutralisent la solution de nitrate de cadmium par la potasse et ajoutent du cyanure de potassium jusqu'à ce que le précipité qui se forme se redissolve. La solution de cadmium doit contenir environ 0 gr. 2 par 75 centimètres cubes de liquide. On met dans un vase avec de l'eau froide le verre qui contient la solution, on enfonce les électrodes, et sur l'auge à décomposition on met une plaque de verre, car le liquide mousse fortement pendant qu'on le décompose. Les deux analystes que je viens de nommer se servaient de trois éléments Bunsen, à cylindres de zinc de 15 centimètres de hauteur ; le charbon était dans de l'acide nitrique. Il se séparait en moyenne, de 80 à 90 milligrammes de cadmium. Pour terminer, il faut lever avec soin le couvercle de verre, ainsi que les électrodes et les parois de verre. On lave d'abord avec de l'eau, puis avec de l'alcool, le cadmium qui s'est déposé sur la cathode. On finit par dessécher au-dessus de l'air chaud d'une capsule de platine.

Lorsque les six métaux du cinquième groupe, précédemment nommés, se trouvent simultanément dans une solution contenant de l'acide nitrique libre, le mercure et l'argent se précipitent les premiers ; quant au bismuth et au cuivre, ils ne se précipitent que quand la plus grande partie des métaux cités en premier lieu s'est séparée.

Parmi les *métaux du quatrième groupe*, le zinc, le nikel et le cobalt, selon Fischer, sont incomplètement précipités, sous forme métallique, de leurs sulfates neutres ; quant au manganèse et à l'urane, ils ne se précipitent pas du tout sous forme métallique. Mais si l'on ajoute une solution d'acétate, de tartrate et de citrate alcalin, le zinc, le nikel et le colbalt se précipitent, complètement, l'urane en petite quantité. Le zinc précipité de semblables solutions a une couleur gris zinc et il a généralement l'éclat métallique ; il se dissout facilement dans les acides et les alcalis. Le nikel précipité a une couleur gris jaunâtre, le cobalt est gris rosé et présente un éclat métallique mat. Ces deux métaux se dissolvent difficilement à froid dans l'acide sulfurique et dans l'acide nitrique étendu. La solution de cobalt, d'abord colorée en rouge, prend une couleur brun foncé, peu de temps après l'action du courant, une partie du protoxyde de cobalt se transformant en sesquioxyde. Dans les solutions qui contiennent les trois métaux, le zinc se précipite le premier. Dans l'électrolyse des solutions des azotates neutres de ces métaux il se forme bientôt des hydrates, par suite de la transformation de l'acide nitrique en ammoniaque ; c'est pourquoi ces solutions doivent au préalable être acidulées avec un peu d'acide acétique. Dans l'électrolyse des solutions ammoniacales, ainsi que des solutions des cyanures, les trois métaux se séparent complètement.

Selon Classen, on précipite le *nikel* de son sulfate, en neutralisant l'acide sulfurique libre, par l'ammoniaque ou la lessive de potasse et en ajoutant de l'oxalate d'ammonium. On chauffe ensuite le liquide, on y dissout encore 3 à 4 grammes d'oxalate d'ammonium et on électrolyse à chaud. Le nikel se précipite rapidement et forme une couche brillante, compacte, qui adhère à l'électrode. Lorsque la réduction est terminée, on retire l'électrode positive, on décante le liquide et on traite le métal restant, comme de coutume.

On procède de même pour le dosage du cobalt : on forme un oxalate soluble de cobalt et d'ammonium et on précipite le cobalt par l'électrolyse.

On sépare les deux métaux par l'azotite de potassium, on filtre pour séparer l'azotite de cobalt et de potassium, on le dissout dans l'acide chlorhydrique concentré, on évapore l'acide libre, et on ajoute de l'oxalate d'ammonium.

Pour *séparer le fer du nikel et du cobalt*, selon Th. Moore, on ajoute du sulfate d'ammonium à la solution neutre; on verse ensuite un excès d'acide oxalique et on précipite le sesquioxyde de fer par l'ammoniaque.

Pour séparer *le nikel et le cobalt*, selon Delveaux, on mélange la solution ammoniacale avec du permanganate de potassium, on engage le cobalt dans une combinaison avec l'ammoniaque ; la potasse ne l'en précipite pas, mais elle précipite le nikel.

On peut précipiter le *zinc* sous forme de régule, d'une solution alcaline additionnée de cyanure de potassium. Quant on dissout dans les acides le zinc métallique précipité sur le platine, il reste généralement sur ce métal un enduit gris foncé, rugueux au toucher, qui ne se dissout même pas dans les acides concentrés et qui s'irise par la calcination ; les irisations disparaissent dans le traitement par les acides, et il se dissout un peu de zinc. Après plusieurs calcinations, on ne parvient pas toujours à faire ainsi disparaître l'enduit, et on est alors forcé de faire fondre sur lui du bisulfate de potassium. Cette opération réussit facilement, sans que le vase de platine accuse une diminution de plus de 2 à 3 milligrammes. Cet enduit est très faible dans les solutions alcalines ; il ne se forme pas dans les solutions nitriques. Quand, avant de précipiter le zinc, on recouvre la face interne de la capsule de platine, d'une mince couche de cuivre, d'étain ou d'argent, on peut au moyen de l'acide nitrique concentré, enlever complètement du platine le zinc précipité, et en même temps les autres métaux.

Classen procède exactement comme dans le dosage du nikel, et il traite la solution chaude par un courant de un à deux éléments de Bunsen. Le zinc se sépare alors rapidement, en formant un enduit blanc bleuâtre ou blanc gris sur l'électrode négative. La réaction est terminée lorsqu'il n'y a plus de dégagement de gaz à l'électrode positive et lorsqu'une petite partie du liquide, traitée par le sulfure d'ammonium ne donne plus la réaction du zinc. On retire alors du liquide l'électrode positive, on décante, on lave la capsule plusieurs fois avec de l'eau, puis on enlève les derniers restes d'eau par l'alcool et l'éther.

Ce n'est pas sous forme métallique, mais sous forme d'hydrate de peroxyde de manganèse que le *manganèse* se précipite de ses solutions neutres ou contenant de l'acide libre. Ce métal n'adhère à la surface polaire positive que quand l'acide libre ne forme que quelques centièmes du poids de la solution. Dans les solutions de manganèse très étendues, acidulées par une grande quantité d'acide nitrique, ou par un mélange de salpêtre et d'acide sulfurique, il se forme de l'acide permanganique, qui communique à la solution sa couleur rouge caractéristique.

L'urane ne se précipite qu'en très petite quantité même dans les solutions complètement neutres; le précipité métallique, d'un gris jaunâtre, se dissout dans les acides, avec dégagement d'hydrogène. Dans les solutions acides le sesquioxyde d'urane se transforme en protoxyde. L'urane ne peut donc pas être dosé par les procédés électrolytiques.

Ce n'est qu'incomplètement que le *fer* se précipite sous forme métallique dans les solutions neutres des sels de protoxyde. Le protoxyde se transforme partiellement en sesquioxyde, sous l'influence de l'action oxydante du courant. Quand on ajoute à la solution neutre de sulfate de protoxyde de fer une solution de citrate d'ammonium, contenant un peu d'acide citrique libre, et que l'on a soin de maintenir toujours dans la solution un peu d'acide citrique libre, le fer se précipite complètement sous forme de régule brillant, même si une partie du fer se trouvait primitivement à l'état de sesquioxyde dans la solution. Ainsi précipité, puis arrosé d'eau, traité par l'alcool exempt d'acide et rapidement desséché après l'écoulement de l'alcool, le fer métallique ressemble beaucoup au platine brillant. Le tartrate d'ammonium convient beaucoup moins que le citrate; quant à l'acétate, il ne remplit pas du tout le même office. Avec le ferrocyanure de potassium, on n'obtient pas un précipité de fer, mais il se forme du bleu de Prusse au pôle négatif. Les solutions de protoxyde de fer dans l'hyposulfite de soude abandonnent presque tout leur fer, en grande partie à l'état de sulfure de fer. Les solutions de protofluorure de fer dans le fluorure de sodium abandonnent du fer métallique gris bleu.

Lorsqu'on emploie le procédé Classen, c'est-à-dire le traitement par l'oxalate d'ammonium ou par l'oxalate de potassium, on voit apparaître, si le fer est à l'état de protoxyde, une coloration rouge intense, due à l'oxalate de protoxide de fer et d'ammonium (ou de potassium), et si le fer est à l'état de sesquioxyde une coloration vert intense due à l'oxalate de sesquioxyde de fer et d'ammonium (ou de potassium). Tout acide libre précipite de la solution du sel double de protoxyde de fer, un oxalate de protoxyde (d'un rouge plus ou moins intense); le sel double de protoxyde de fer n'est pas décomposé en présence d'acides libres. Par conséquent, lorsqu'on a additionné de l'oxalate d'ammonium ou de potassium à une solution contenant encore une assez grande quantité d'acide chlorhydrique lirbe, il peut se faire que l'acide oxalique mis en liberté détermine une précipitation d'oxalate de protoxyde, surtout à chaud. On laisse le précipité se déposer, ce qui demande peu de temps; on décante le liquide, on dissout l'oxalate en ajoutant à plusieurs reprises de l'oxalate d'ammonium et en chauffant; puis on réunit le dernier liquide avec le premier.

L'électrolyse de la solution chaude se produit parfaitement sous l'influence de deux éléments Bunsen, pourvu qu'il y ait une quantité suffisante d'oxalate : il ne se dépose aucune combinaison de fer. Le fer adhère très solidement au platine, sous forme de masse d'un éclat gris d'acier. Il est facile de reconnaître que la réaction est terminée : le liquide, primitivement rouge ou vert, devenant incolore. Pour s'en assurer on peut encore, au moyen d'un tube capillaire, retirer de la capsule une petite quantité de liquide, l'additionner d'acide chlorhydrique et l'essayer par le sulfocyanure de potassium. Le fer réduit peut rester exposé à l'air, pendant des journées entières, sans s'oxyder.

Les solutions *des métaux des trois premiers groupes* présentent, selon Fischer, peu de phénomènes caractéristiques, lorsqu'on y fait passer un courant électrique. Lorsque les pôles aboutissent aux deux branches d'un tube en U renfermant une de ces solutions, les hydrates des oxydes métalliques se séparent au pôle positif : l'hydrate de chrome et l'hydrate d'aluminium, sous forme volumineuse, les hydrates de calcium et de magnésium, sous forme de croûtes blanches, recouvrant le pôle négatif, les hydrates de barium, de strontium, de potassium et de sodium, à l'état de solutions présentant la réaction alcaline avec les matières colorantes convenables. Quand on fait passer le courant dans un tube en U contenant une solution d'un sel de barium ou de strontium, il ne tarde pas à se produire à la surface du liquide entourant le pôle négatif, un trouble blanc, provenant de la formation d'un carbonate.

D'après les communications de Schucht dans la *Berg-und hüttenmannische Zeitung*, le *thallium* ne se précipite pas de ses solutions de sulfates et de nitrates; mais dans les solutions ammoniacales il se dépose du thallium métallique à la cathode avec un abondant dégagement de gaz; à l'anode, au contraire, il se forme un dépôt brun noir de sesquioxyde de thallium, qui ressemble beaucoup au peroxyde de plomb, Quand on emploie quatre éléments Meidinger, ou un courant capable de produire 160 centimètres cubes de gaz tonnant par heure, le thallium se précipite sous forme d'éponge légère et foncée; quand on ne se sert que de deux éléments, le métal forme un bel enduit adhérent. Les solutions de thallium additionnées de lessive de potasse en excès ont donné un beau métal adhérent, tandis que dans les solutions neutres la précipitation était incomplète, l'acide étant mis en liberté. Dans les solutions alcalines la séparation est complète; le thallium précipité se redissout facilement dans l'acide sulfurique, et le sesquioxyde dans l'acide chlorhydrique, avec dégagement d'hydrogène.

L'*indium*, en solution dans l'acide sulfurique étendu, se sépare lentement sous forme de métal blanc bleuâtre adhérent à l'électrode négative; dans les solutions contenant des acides organiques, il forme également un beau précipité très adhérent avec un fort dégagement de gaz.

Le *vanadium*, à l'état de sesquichlorure dissous dans de l'eau aiguisée d'acide chlorhydrique avec laquelle il forme une solution bleue, ne donne aucun précipité; seulement l'acide vanadique $Va^2 O^5$ est réduit à l'état d'oxyde VAO, et la couleur bleue passe au vert, puis au violet. Quant à la solution alcaline brun rouge, elle se décolore et le liquide est réduit à l'état de VAO.

Le *palladium*, dissous dans l'eau à l'état de nitrate et aiguisé d'acide nitrique, se précipite au pôle négatif, immédiatement après la fermeture du courant, sous forme d'un enduit couleur de bronze. Au fur et à mesure que la précipitation progresse, cet enduit se fonce de plus en plus, et finit par devenir complètement noir. Cet enduit se redissout facilement dans l'acide nitrique. En même temps, un oxyde un peu rosé se sépare à l'anode. Les solutions alcalines donnent exactement le même résultat, bien que plus lentement.

Quand on électrolyse *l'acide molybdique* en solution ammoniacale, un fort dégagement de gaz se produit à la cathode, et on voit se former un précipité d'anneaux colorés qui peu à peu s'épaississent et prennent une couleur bleu noir : c'est du molybdate de sesquioxyde de molybdène. Ce molybdate se transforme plus tard en oxyde vert et finalement en protoxyde noir adhérent, sans se réduire à l'état métallique. L'essai par l'acide phosphorique montre que la précipitation est complète. En solution acide il n'y a aucune précipitation. Dans la solution de molybdate d'ammoniaque acidulée par l'acide molybdique, la précipitation est incomplète.

Le *sélénium* se précipite complètement, soit en solution acide, soit en solution alcaline : la couleur, d'abord rouge brun clair, passe au rouge brun; mais il ne faut pas employer plus de deux éléments, car le precipité qui n'adhère que faiblement au platine tomberait totalement en poussière. Un courant faible précipite le sélénium de sa combinaison avec le potassium. Il se dégage un peu d'hydrogène sélénié au pôle négatif, surtout en solution acide. Pour doser le sélénium par électrolyse, on ajoute une solution métallique, après avoir oxydé par ébullition avec l'acide nitrique; ce métal, en se précipitant, détermine la formation d'un dépôt adhérent de sélénium. Une solution de cuivre convient parfaitement pour cet usage. Le sélénium se précipite avec le cuivre. Lorsque le cuivre est en excès, la couleur est plus foncée que celle du cuivre pur, plus brune. Quand les quantités des deux corps sont égales, l'alliage a la couleur de l'acier. Il faut éviter un excès de sélénium. Il se sépare, au pôle positif, au bout de plusieurs heures, un enduit foncé qui se dissout dans le liquide chlorhydrique, en le colorant en jaune. Il semble que ce soit l'hydrogène sélénié qui détermine cette précipitation.

Précipité par électrolyse avec le mercure, le sélénium forme un amalgame.

Le *tellure* se comporte de la même manière; seulement la réduction est beaucoup plus facile. Il se précipite facilement en solution acide, et il est alors noir bleu. On trouve sur la spirale un enduit jaune citron, facile à enlever par le frottement. En solution alcaline, il y a dégagement de gaz et le tellure forme au pôle positif un dépôt sans cohésion; il s'élève à la surface du liquide, dès qu'il se produit en assez grande quantité.

Comme le zinc, le *gallium*, en solution alcaline, se précipite complètement et à l'état de pureté, au pôle négatif.

Voici, d'après Classen, la manière d'opérer l'analyse des alliages par les procédés électrolytiques.

Commençons par les *alliages de laiton*. On les dissout dans l'acide nitrique ou dans l'acide sulfurique. Il est désavantageux d'employer une solution contenant de l'acide nitrique, car, lorsque le cuivre s'est séparé, il se précipite un peu de zinc si l'on n'interrompt pas le courant. De plus, la présence de l'acide nitrique ou d'un nitrate empêche le zinc de prendre, en se précipitant, la forme compacte.

Pour analyser l'alliage, on en dissout environ 0 gr., 1 dans aussi peu d'acide nitrique que possible, et on évapore, en ajoutant un peu d'acide nitrique étendu, jusqu'à ce que le résidu n'ait plus l'odeur de l'acide; on dissout dans l'eau, et on dilue la solution, dans une capsule de platine, jusqu'à ce qu'elle forme 80 à 100 centimètres cubes. On la soumet alors à l'électrolyse. Il suffit de un ou deux éléments Bunsen. Au bout de deux à trois heures environ, on essaie si tout le cuivre est précipité, en ajoutant un peu d'ammoniaque à une gouttelette de la solution prise avec un tube capillaire. Si le liquide se colore encore en bleu, on rejette la gouttelette dans la capsule, et on fait marcher le courant jusqu'à ce que tout le cuivre soit précipité. Lorsque la réaction est terminée, on lave le précipité de cuivre, sans interrompre le courant, jusqu'à ce que l'acide libre soit complètement enlevé, on siphonne complètement le contenu de la capsule et on traite le précipité de cuivre de la façon qui a été décrite (p. 119). Pour doser le zinc dans le liquide siphonné, on concentre ce liquide jusqu'à 50 centimètres cubes environ, on neutralise l'acide sulfurique libre avec de la lessive de potasse et on ajoute de l'oxalate d'ammonium en grand excès; il se forme ainsi de l'oxalate soluble de zinc et d'ammonium.

On chauffe le liquide additionné d'oxalate d'ammonium; puis on y dissout encore trois à quatre grammes d'oxalate d'ammonium solide, et on dose le zinc comme on l'a décrit page 127. Le plomb, dans la précipitation du cuivre, produit un léger enduit brun de peroxyde de plomb, sur l'électrode positive. On lave le précipité, de la manière décrite plus haut, on dessèche l'électrode avec le peroxyde à 100 degrés et on en détermine le poids. Quand il y a du fer, il faut commencer par le séparer du zinc, car le fer forme avec l'oxalate d'ammonium un sel double soluble que le courant décompose comme il décompose le sel double de zinc. Quand le fer est en petite quantité, ce qui est généralement le cas, il suffit de mélanger la solution des deux métaux avec de l'ammoniaque en excès, de filtrer, de laver l'hydrate de sesquioxyde de fer et le séparer par le filtre, de redissoudre cet hydrate dans l'acide chlorydrique et de précipiter à nouveau par l'ammoniaque. On calcine l'hydroxyde de fer obtenu pour le transformer en sesquioxyde, et on le dose à cet état. Pour doser le zinc par électrolyse, on évapore le liquide filtré, pour le concentrer et pour chasser l'ammoniaque, puis on procède comme je l'ai indiqué plus haut.

Monnaies d'argent. On en dissout 0 gr., 1 dans l'acide nitrique étendu, on évapore complètement l'acide libre au bain-marie, on dissout le résidu dans l'eau, on ajoute de l'oxalate d'ammonium jusqu'à ce que le précipité d'oxalate d'argent paraisse d'un blanc pur, et on dose le métal de la façon qui a été décrite. On peut doser le cuivre directement par la méthode électrolytique, dans le liquide séparé de l'oxalate d'argent par filtration. On concentre ce liquide par évaporation, si cela est nécessaire, on le chauffe à l'ébullition et on ajoute de 3 à 4 grammes d'oxalate d'ammonium solide. Le cuivre se sépare très rapidement, et sous forme compacte, de l'oxalate double, pourvu qu'on n'ait pas employé de courants trop faibles. D'après des expériences que Classen a exécutées en commun avec Von

Reis, l'intensité qui correspond à environ 300 centimètres cubes de gaz oxygène tonnant par heure convient parfaitement pour la précipitation du cuivre. On précipite 0 gr.,15 de cuivre métallique en 25 minutes à peu près.

Alliage des caractères d'imprimerie et autres alliages de plomb. Le plomb est facile à doser dans ces alliages, pourvu qu'il s'y trouve en petite quantité. On peut alors le précipiter à l'état de peroxyde ($Pb O^2$) sur l'électrode positive, dans la solution contenant de l'acide nitrique libre. Mais quand le plomb se trouve en grande quantité dans l'alliage, on rencontre alors les difficultés que j'ai déjà signalées. Pour le dosage de l'antimoine, voir plus haut.

Alliages de plomb et de bismuth. On les fait digérer avec de l'acide nitrique jusqu'à ce qu'ils soient complètement décomposés; on chasse l'excès d'acide par évaporation et on transforme les métaux en chlorures par addition d'acide chlorhydrique. On sépare le plomb du bismuth par le procédé généralement usité, et on dose le bismuth comme je l'ai indiqué plus haut.

Alliage de plomb et de zinc. On les fait digérer avec de l'acide nitrique, on chasse l'acide nitrique par évaporation avec un peu d'acide sulfurique étendu, et on traite le sulfate de plomb restant, comme d'ordinaire. On commence par chasser complètement l'alcool de la solution filtrée, par évaporation, puis on dose le zinc de la manière qui a été indiquée plus haut.

Alliages de bismuth et de cuivre. On sépare le bismuth à l'état d'oxychlorure. A cet effet, on additionne d'acide chlorhydrique goutte à goutte la solution débarrassée d'acide nitrique; puis on dilue fortement avec de l'eau. Au lieu, de doser l'oxychlorure de bismuth obtenu, en le desséchant sur un filtre pesé, on peut le dissoudre dans aussi peu d'acide chlorhydrique que possible, et, comme je l'ai déjà dit, le doser par électrolyse. Pour doser le cuivre dans la solution que le filtre a séparée de l'oxychlorure de bismuth, on concentre cette solution par évaporation, puis on procède comme je l'ai décrit plus haut.

Alliages de bronze. Ces alliages sont faciles à analyser par électrolyse. On traite l'alliage par l'acide nitrique, on transforme ainsi l'étain en bioxyde (acide stannique), on filtre, on lave, on dissout dans l'acide chlorydrique concentré et chaud. Dans ce liquide, débarrassé, — au besoin, — de l'excès d'acide, on précipite le zinc par l'électrolyse, et on ajoute le liquide qui se trouve au-dessus de l'étain et qui contient le cuivre à la solution de cuivre séparée du bioxyde d'étain par filtration. Pour doser le cuivre électrolytiquement, on chasse l'acide par évaporation, on dissout le résidu dans l'eau, on ajoute de l'oxalate d'ammoniaque en grand excès et on procède comme il a été indiqué plus haut.

Bronze phosphoré. On fait digérer avec de l'acide nitrique, on filtre pour séparer le précipité composé de bioxyde d'étain, de phosphate d'étain (et d'oxyde de cuivre mélangé), on lave avec de l'eau contenant de l'acide chlorhydrique et on dissout dans l'acide chlorhydrique concentré, en aussi petite quantité que possible. De cette solution on sépare l'étain par l'électrolyse (voir page 117) et on ajoute à la solution filtrée précédente le liquide qui recouvre l'étain. Pour doser le cuivre et l'acide phosphorique, on évapore l'acide au bain-marie, on transforme le cuivre en oxalate double (page 135) et on le précipite par électrolyse. Dans le liquide séparé du cuivre par décantation, on dose l'acide phosphorique par le procédé ordinaire.

Quand le bronze contient du zinc, ce métal se précipite en même temps que le cuivre. On pèse ensuite les deux métaux, on dissout le résidu dans l'acide sulfurique dilué et on électrolyse à nouveau. Comme, en solution sulfurique, le cuivre se précipite seul, on trouve le poids du zinc par différence.

Bronze phosphoré manganifère. On procède d'une façon analogue; seulement, au lieu d'employer l'oxalate d'ammonium pour obtenir les sels doubles, on emploie une solution concentrée (1 :3) d'oxalate neutre de potassium. On chauffe, on ajoute 2 à 3 grammes d'oxalate d'ammonium solide, et on électrolyse. Le cuivre se sépare alors à l'état métallique sur l'électrode négative et le manganèse à l'état de bioxyde sur l'électrode positive, tandis que tout l'acide phosphorique et un peu de manganèse restent en solution. Quand la précipitation du cuivre est terminée, on décante le liquide (troublé par du bioxyde, s'il y avait beaucoup de manganèse dans l'alliage) et on traite le cuivre de la manière qui a été indiquée plus haut.

On enlève le bioxyde de manganèse qui adhère à l'électrode positive[1], on chasse par l'ébullition la plus grande partie de l'ammoniaque et de l'hydrocarbonate, on mélange le liquide avec du carbonate de sodium et quelques centimètres cubes d'une solution d'hypochlorite de sodium, et on filtre après avoir chauffé pendant plusieurs heures. On lave le précipité avec de l'eau chaude à laquelle on a ajouté un peu de nitrate d'ammonium et on transforme le manganèse par calcination en oxyde

1. Généralement il reste une partie tellement adhérente, qu'on ne peut pas l'enlever mécaniquement. On met alors l'électrode dans une petite capsule, on dissout le bioxyde dans l'acide chlorhydrique en quantité aussi petite que possible, on sature avec du carbonate de sodium, et on ajoute le liquide à la solution principale.

rouge Mn^3O^4. — Pour doser l'acide phosphorique dans le liquide séparé de bioxyde de manganèse par filtration, on le mélange d'acide chlorhydrique jusqu'à réaction acide, puis d'ammoniaque en grand excès, et l'on ajoute quelques centimètres cubes d'une solution de chlorure de magnésium. Après un repos de quatre à six heures, tout l'acide phosphorique est précipité.

Monnaies de nikel. On les dissout dans de l'acide nitrique additionné d'acide sulfurique, on évapore, et de la dissolution des deux métaux ainsi obtenue on précipite le cuivre de la manière qui a été indiquée p. 119. On concentre par évaporation le liquide siphonné et on dose le nikel par le procédé indiqué p. 126.

Maillechort. On procède de la même manière, et dans la solution débarrassée du cuivre on précipite le zinc à l'état de sulfure. On sépare le sulfure de zinc par filtration, on lave, on le dissout dans l'acide chlorhydrique, et après avoir chassé l'acide libre par évaporation, on électrolyse. Pour doser le nikel, on chasse l'hydrogène sulfuré du liquide par évaporation, et on précipite également le nikel par électrolyse. (Voir plus haut.)

Métal de Wood (alliage d'étain, de plomb, de bismuth et de cadmium). On le traite par l'acide nitrique. Tout l'étain reste insoluble, à l'état de bioxyde, mélangé de petites quantités de protoxyde de plomb et de sesquioxyde de bismuth. On filtre, on lave avec de l'eau aiguisée d'acide nitrique et on dissout le précipité dans l'acide chlorhydrique concentré et chaud. De cette solution on précipite l'étain par électrolyse (p. 117). On ajoute le liquide qui reste à la solution nitrique primitive. Pour éliminer l'acide libre, on évapore, on précipite le plomb à l'état de sulfate et dans le liquide filtré on précipite le bismuth à l'état d'oxychlorure. On sépare ce dernier par filtration, on le lave, on le dissout dans l'acide chlorhydrique et on le précipite par électrolyse (page 123). Pour doser le cadmium dans le liquide séparé de l'oxychlorure de bismuth par filtration, on chasse par évaporation l'acide chlorhydrique libre et on procède comme plus haut.

Alliages d'étain, de plomb, de bismuth et de mercure. On dose les trois premiers de ces métaux comme plus haut. Pour doser le mercure dans le liquide séparé de l'oxychlorure de bismuth par filtration, on chasse par évaporation la plus grande partie de l'acide libre et on électrolyse comme je l'ai décrit plus haut.

Pour séparer le cadmium du zinc, selon Yver, on additionne de 2 à 3 grammes de carbonate de sodium et de quelques gouttes d'acide acétique la solution de l'acétate ou du sulfate, puis après avoir chauffé on électrolyse de la manière que Riche a indiquée pour le zinc.

Classen a aussi indiqué les procédés à suivre pour l'analyse électrolyque de toute une série de minéraux et de produits des mines. En voici quelques-uns :

Pour *doser le fer dans le fer spathique*, on dissout de 2 à 5 décigr. de minerai dans aussi peu d'acide chlorhydrique que possible, on neutralise par l'ammoniaque ou la lessive de potasse, et on ajoute une solution concentrée (1 : 3) d'oxalate neutre de potassium, pour transformer le fer (et le manganèse) en oxalate double, soluble[1]. Quand il y a de la chaux dans le liquide, il se sépare alors de l'oxalate de chaux insoluble. Généralement la quantité du précipité est

1. Il faut prendre à peu près cinq fois autant d'oxalate de potassium qu'il peut y avoir de sesquioxyde de fer. Si l'on se sert d'oxalate d'ammonium pour former les sels doubles, les dernières traces de fer seront précipitées beaucoup plus lentement par le courant.

si faible qu'il n'est pas nécessaire de filtrer. On chauffe à l'ébullition, on ajoute environ quatre grammes d'oxalate d'ammonium solide, et on électrolyse. En présence du manganèse, on observe à l'électrode positive la couleur caractéristique de l'acide permanganique, plus ou moins intense selon la quantité d'oxalate employée. Pour séparer le fer aussi rapidement que possible, il faut renforcer le courant, en y insérant un ou deux éléments. Il faut avoir soin d'interrompre le courant aussitôt que la réduction est terminée; sans cette précaution, il se déposerait un peu de peroxyde sur le fer, et il faudrait alors dissoudre ce peroxyde dans l'acide oxalique, c'est-à-dire recommencer l'électrolyse. On décante le liquide; on lave la capsule plusieurs fois à l'eau, puis à l'alcool, puis à l'éther, et on dessèche quelques minutes au bain d'air.

Pour doser le manganèse, on décante la solution exempte de fer, que l'on vient d'obtenir; on met dans une petite capsule l'électrode positive, à laquelle adhère toujours un peu de bioxyde de manganèse; on dissout dans une petite quantité d'acide chlorhydrique, on sature avec du carbonate de sodium et on réunit ce liquide au premier. En ajoutant du carbonate de sodium et quelques gouttes d'hypochlorite de sodium à la solution préalablement débarrassée d'ammoniaque par l'ébullition ou par un chauffage prolongé, puis, en chauffant doucement, au bain de sable, plusieurs heures de suite, on sépare à l'état de bioxyde les derniers restes de manganèse qui peuvent encore se trouver en solution. Le bioxyde de manganèse se dépose facilement et est facile à filtrer. On lave le précipité avec de l'eau chaude à laquelle on a ajouté un peu de nitrate d'ammonium; enfin on le transforme par calcination en oxyde rouge.

La précipitation électrolytique du fer se produit très rapidement (même en présence du manganèse) : en employant 2 éléments de Bunsen récemment montés, on peut précipiter plusieurs grammes de fer en une heure ou deux[1].

Quand on a à doser, en même temps, de la chaux et de la magnésie, on procède comme plus haut; par addition d'oxalate de potassium, on obtient le manganèse, le fer et le magnésium à l'état de sels doubles. L'oxalate de calcium reste non dissous avec des traces d'oxalate de manganèse. On filtre, on lave à l'eau chaude, on calcine et on pèse. Quand la couleur foncée du résidu de chaux indique des quantités considérables d'oxyde de manganèse, il faut doser cet oxyde à part et le déduire. Dans le liquide séparé par filtration, on précipite électrolytiquement le fer et le manganèse et on dose le magnésium comme d'ordinaire dans le liquide séparé du bioxyde de manganèse par filtration.

Pour analyser quantitativement *l'hématite rouge*, on dose le fer, le manganèse et la chaux comme plus haut; on précipite le fer et en même temps le cuivre qui peut se trouver dans le minerai; on pèse, on dissout dans l'acide sulfurique étendu et on précipite le cuivre électrolytiquement (voir p. 119). Quand, avec le fer (le cuivre) et le manganèse, on n'a à doser que l'acide phosphorique et l'acide sulfurique, on opère comme pour le fer spathique et on dose les acides dans la solution complètement débarrassée de manganèse, après en avoir acidulé d'abord des volumes mesurés, par l'acide

1. Quand on n'a pas à doser l'acide phosphorique, on accélère notablement la précipitation du fer en ajoutant au liquide un peu de phosphate de sodium avant de transformer les oxydes en sels doubles.

chlorhydrique, pour décomposer les hydrocarbonates formés par l'électrolyse, lesquels sans cette précaution fausseraient le dosage de l'acide phosphorique et feraient trouver des chiffres trop élevés. On ajoute ensuite un grand excès de chlorure de barium et d'ammoniaque et une solution de chlorure de magnésium, et au bout de quatre à cinq heures de repos on filtre pour séparer le précipité de phosphate ammoniaco-magnésien.

Quand, avec l'acide phosphorique, il y a de l'alumine, elle se trahit par un trouble blanchâtre du liquide électrolytique; souvent ce trouble, causé par du phosphate d'alumine blanc (avec hydroxyde d'aluminium) ne se produit que quand on chauffe pour chasser les combinaisons ammoniacales. Dans le cas que j'indique, on ne parvient pas à obtenir un précipité de manganèse exempt de phosphate d'alumine, même en employant de la lessive de potasse au lieu de carbonate de sodium et en précipitant deux fois le manganèse. Il faut alors précipiter le manganèse à l'état de sulfure, et, dans le liquide filtré précipiter l'acide phosphorique par la solution de chlorure de magnésium, ce qui n'offre aucun avantage sur d'autres méthodes, notamment sur la précipation par la solution molybdique. Pour doser l'acide sulfurique en présence de l'alumine, on sépare électrolytiquement le fer et le manganèse dans une solution particulière, on décante le liquide, on le chauffe pour chasser les sels ammoniacaux, et on précipite l'acide sulfurique par le chlorure de barium dans le liquide fortement acidulé par l'acide chlorhydrique. Quand, en outre des substances que j'ai nommées, il faut doser le magnésium, on le précipite par le phosphate d'ammonium dans des parties mesurées du liquide séparé du bioxyde de manganèse par filtration, et on se sert de deux autres volumes mesurés pour doser l'acide phosphorique avec l'acide sulfurique.

Dans les *analyses de limonites terreuses*, on soumet à l'électrolyse la solution dans laquelle se trouve, en présence d'un grand excès d'oxalate d'ammonium, l'oxalate d'ammonium et de sesquioxyde (ou de protoxyde) de fer avec l'oxalate d'ammonium et d'aluminium. Le fer se précipite et forme un enduit adhérent sur l'électrode négative, mais l'alumine reste en solution tant que la quantité d'oxalate d'ammonium est plus grande que la quantité d'hydrocarbonate d'ammonium, qui s'est formé. Si enfin il se produit une précipitation d'alumine, la solution est presque exempte de fer. On prend alors avec un tube capillaire une petite quantité du liquide tenant l'alumine en suspension, on fait l'essai du fer par le sulfocyanure de potassium et le sulfure d'ammonium, et l'on interrompt le courant aussitôt que tout le fer est précipité. Pour exécuter cette analyse, on additionne d'oxalate d'ammonium en excès la solution faiblement acide ou neutralisée par l'ammoniaque, on chauffe et on ajoute encore de l'oxalate d'ammonium solide, jusqu'à ce que, pour 1 décigr. des deux oxydes, il y ait au moins 2 à 3 grammes d'oxalate d'ammonium. On électrolyse directement la solution chaude. Il ne faut pas laisser le courant agir jusqu'à ce que toute l'alumine soit précipitée avec le fer, car alors une partie de cette alumine se dépose sur le fer et ne peut en être enlevée, de sorte qu'il faut (après avoir décanté le liquide contenant l'alumine) dissoudre le fer dans l'acide oxalique et recommencer l'électrolyse.

Pour précipiter complètement l'alumine dans le liquide séparé du fer par décantation, on additionne d'ammoniaque, on fait bouillir longtemps, et l'on opère le dosage de l'alumine comme d'ordinaire. Quand il n'y a plus d'aluminium remplaçant le fer, la méthode donne immédiatement des résultats précis; dans le cas contraire, il faut (sans interrompre le courant) dissoudre le précipité d'alumine en ajoutant — avec précaution — de l'oxalate d'ammoniaque et électrolyser à nouveau.

Lorsque la limonite contient du manganèse, on fait bouillir le liquide exempt de fer pour séparer le manganèse de l'alumine, on ajoute un excès de lessive de potasse pure et quelques centimètres cubes d'hypochlorite de sodium. On filtre le bioxyde de manganèse précipité, on le lave avec de l'eau chaude additionnée d'un peu de nitrate d'ammonium et on le transforme par calcination en oxyde rouge. Pour doser l'alumine, on acidule d'acide chlorhydrique la liqueur filtrée et on la précipite par l'ammoniaque.

Fer chromé. — Quand on soumet à l'électrolyse la solution qui contient l'oxalate de potassium (ou d'ammonium) et de sesquioxyde (ou de protoxyde) de fer et l'oxalate de potassium (ou d'ammonium) et de sesquioxyde de chrome, le fer commence par se précipiter, puis le sesquioxyde de chrome s'oxyde et se transforme en acide chromique (sans qu'il se forme préalablement de l'hydroxyde insoluble). Le liquide vert passant au jaune, on reconnait facilement que le fer est réduit et que la séparation du chrome est accomplie. La présence de l'alumine n'est pas un obstacle à cette opération; après la précipitation du fer à l'état d'hydroxyde, l'alumine, quand elle se trouve en quantité considérable, se précipite sans entraîner le chrome à l'état d'hydroxyde.

Quand on emploie l'acide nitrique et le chlorate de potassium pour désagréger le fer chromé, on élimine l'acide nitrique et les nitrates en évaporant à plusieurs reprises avec de l'acide chlorhydrique fumant, on transforme en sels doubles par l'oxalate de potassium les oxydes présents, on chauffe à l'ébullition et on électrolyse après avoir préalablement dissous encore 4 grammes d'oxalate d'ammonium. Quand on a désagrégé le fer chromé par fusion avec du carbonate et de l'azotate de sodium, on dissout dans l'eau la masse fondue et on évapore en ajoutant de l'acide sulfurique étendu. On additionne d'oxalate de potassium la solution aqueuse des sulfates qui restent et l'on opère comme plus haut. Pour doser l'alumine, on chauffe le liquide jusqu'à ce qu'il n'exhale plus qu'une faible odeur ammoniacale, on filtre et l'on procède comme d'ordinaire [1]. En présence du manganèse, l'électrode positive se recouvre d'un peu de bioxyde ; une partie de ce métal reste en solution. On transforme le bioxyde directement sur l'électrode, en oxyde rouge à moins que de l'alumine n'adhère à l'électrode avec le manganèse; dans ce cas, on dissout dans l'acide chlorhydrique, et l'on procède, pour la séparation et le dosage, comme je l'ai indiqué page 145. — Le liquide séparé, par le filtre, de l'hydroxyde d'alumine contient le chrome à l'état d'acide chromique. Si le fer chromé a été désagrégé par l'acide nitrique et le chlorate de potassium, on peut précipiter directement l'acide chromique dans ce liquide par le chlorate de plomb ou de baryum. On réduit l'acide chromique des sulfates à l'état de sesquioxyde de chrome par ébullition avec de l'acide chlorhydrique et de l'alcool, et on précipite le sesquioxyde de chrome par

1. Quand l'alumine séparée n'est pas d'un blanc pur, mais qu'elle est colorée en vert par du sesquioxyde de chrome, on la dissout dans l'acide oxalique, on neutralise par l'ammoniaque, on ajoute de l'oxalate d'ammonium et l'on électrolyse à nouveau.

l'ammoniaque comme d'ordinaire. — Quand il faut doser de plus la chaux et la magnésie et que l'on a dosé le chrome à l'état de chromate de plomb ou de barium, on commence par précipiter le plomb ou le barium, soit par l'hydrogène sulfuré, soit par l'acide sulfurique étendu ; on précipite ensuite le manganèse par le sulfure d'ammonium, et on dose la chaux et la magnésie comme d'ordinaire.

Blende ou sulfure de zinc. Quand elle contient peu de fer, on en fait digérer un demi-gramme avec de l'acide nitrique jusqu'à décomposition complète, on chasse l'acide par évaporation avec un peu d'acide sulfurique étendu, on étend d'eau, on filtre pour séparer la gangue, et on neutralise par l'ammoniaque ou la lessive de potasse. On ajoute ensuite de l'oxalate de potassium ou d'ammonium en excès, pour transformer le zinc en oxalate soluble de zinc et d'ammonium et on précipite par électrolyse. — Quand il y a des quantités considérables de fer ou d'autres métaux, on les transforme en chlorures en faisant bouillir avec de l'acide chlorydrique, la solution nitrique séparée, par filtration, de la gangue et du sulfate de plomb, on dissout le résidu dans l'acide chlorhydrique étendu, enfin on précipite le cuivre, l'arsenic, l'antimoine, le reste de plomb et de cadmium en faisant passer de l'hydrogène sulfuré dans la liqueur. On filtre, on évapore pour chasser l'hydrogène sulfuré et l'acide libre, on oxyde le fer par l'eau de brome, on transforme les métaux au moyen de l'oxalate de potassium en sels doubles solubles, on dilue jusqu'à 50 et 100 centimètres cubes et on précipite l'oxalate de zinc par l'acide acétique concentré. Quand il y a du manganèse, il se précipite avec le zinc à l'état d'oxalate, tandis que l'oxalate de potassium et de sesquioxyde de fer reste en solution. Au bout de plusieurs heures, on filtre à chaud, on lave le précipité avec le mélange d'alcool, d'acide acétique et d'eau jusqu'à élimination du fer, puis on dissout ce précipité sur le filtre par des affusions répétées d'oxalate d'ammonium dissous à chaud. Dans la solution on précipite le zinc électrolytiquement, de la manière qui a été décrite précédemment.

Outremer. On commence par séparer l'acide silicique et l'oxalate de potasse à la manière ordinaire ; on dose l'alumine et le fer électrolytiquement par le procédé décrit plus haut, et dans la liqueur filtrée on dose les alcalis par le procédé ordinaire.

Scories d'affinage du fer. On sépare l'acide silicique par évaporation de la solution chlorydrique, on évapore jusqu'à siccité la liqueur filtrée, après avoir ajouté de l'acide nitrique, on dissout le résidu dans l'eau et dans quelques centimètres cubes d'acide nitrique, et on sépare par l'electrolyse — de la manière déjà décrite — tout le cuivre à l'état de métal, et une partie du manganèse, à l'état de bioxyde. On forme des oxalates doubles dans le liquide siphonné et concentré par évaporation, et l'on dose le manganèse, la chaux, la magnésie, l'acide sulfurique et l'acide phosphorique comme je l'ai déjà mentionné.

Scories de cuivre et de plomb. On les fait digérer avec de l'acide nitrique ou de l'acide bromhydrique, on sépare l'acide silicique comme d'ordinaire et dans le liquide filtré, on précipite le plomb à l'état de sulfate ; il faut, au besoin, commencer par séparer ce dernier du sulfate de barium par le procédé connu. Ensuite on précipite le cuivre électrolytiquement dans le liquide acide débarrassé d'alcool, on siphonne, on neutralise l'acide libre par l'ammoniaque ou la lessive de potasse, et on transforme en oxalates doubles ; l'oxalate de calcium reste (avec des traces d'oxalate de manganèse). Dans le liquide séparé par filtration, on précipite électrolytiquement le fer, le manganèse et l'alumine.

Minerai de nikel. On dissout dans l'eau régale, on évapore, on reprend le résidu par l'acide chlorhydrique et on sépare la gangue par filtration. On procède ensuite à la séparation et au dosage de l'arsenic, de l'antimoine, du cuivre et du plomb par les procédés par filtration déjà décrits. On évapore à siccité la solution séparée du précipité formé par l'hydrogène sulfuré, on oxyde le fer par le brome, on ajoute de l'oxalate de potassium et de l'oxalate d'ammonium en excès, et on sépare le fer du cobalt, du nikel et du zinc par la méthode indiquée plus haut. On calcine et on dissout dans l'acide chlorhydrique le précipité formé des oxalates des métaux précédents. Quant à ce qui concerne la séparation du zinc, du nickel et du cobalt, j'ai déjà donné à ce sujet tous les détails nécessaires.

Pyrite de cuivre. On la fait digérer avec de l'acide nitrique ou du chlorate de potassium; on évapore pour chasser l'acide libre. En dissolvant et en évaporant ainsi à plusieurs reprises, on prépare environ 80 à 100 centimètres cubes de solution nitrique, et après avoir ajouté 5 à 10 centimètres cubes d'acide nitrique étendu, on précipite le cuivre électrolytiquement, de la manière que j'ai déjà décrite. On chasse l'acide nitrique par l'évaporation du liquide exempt de cuivre, on dissout le résidu dans l'eau en ajoutant quelques gouttes d'acide chlorhydrique, on transforme le fer, par le procédé que j'ai déjà décrit, en oxalate d'ammonium et de fer et on le précipite par électrolyse. On décante le liquide, on fait bouillir pour décomposer l'hydrocarbonate d'ammonium qui s'est formé, on acidule par l'acide chlorhydrique et on précipite l'acide sulfurique par le chlorure de barium.

Stibine (antimoine gris ou sulfuré). On fait digérer avec de l'eau régale, on évapore, on dissout dans l'acide chlorhydrique, on étend avec de l'eau, on précipite par l'hydrogène sulfuré et on dose les sulfures : ce dosage a déjà été décrit. Pour la précipitation du fer transformé en oxalate double dans le liquide filtré, voir page 140.

Nikel antimonié sulfuré. On le pulvérise finement, et on le décompose dans un courant de chlore; tout l'antimoine passe dans l'allonge. Pour doser le nikel resté à l'état de chlorure dans le tube à boules, on dissout le contenu de ce tube dans l'acide chlorhydrique étendu, on évapore au bain-marie, on forme de l'oxalate de nikel et d'ammonium et on précipite par électrolyse. Quant à l'antimoine, on le dissout dans les acides chlorhydrique et tartrique, on fait passer de l'hydrogène sulfuré et on le retire de la solution sous forme de sulfure d'antimoine; on le dissout dans un grand excès de sulfure d'ammonium et on précipite le métal par électrolyse. Quand il y a du fer, il passe dans l'allonge à l'état de perchlorure avec l'antimoine; il se dissout dans le liquide séparé du sulfure d'antimoine par filtration, comme je l'ai indiqué plus haut.

Sulfure de cobalt. On le dissout par digestion avec de l'eau régale; on évapore pour chasser l'acide libre, on dissout avec un excès d'oxalate d'ammonium et on précipite le cobalt électrolytiquement. On filtre; on décompose par l'ébullition l'hydrocarbonate d'ammonium qui s'est formé dans la liqueur filtrée, on acidule par l'acide chlorhydrique et on dose l'acide sulfurique comme plus haut.

Cobaltine (cobalt gris). On décompose par l'acide nitrique ou par l'eau régale, on chasse l'acide par évaporation et on transforme les métaux en chlorures. On précipite ensuite les métaux par l'hydrogène sulfuré, on les sépare et on les dose, en suivant de tous points la méthode décrite plus haut. Pour séparer le cobalt et le fer, on les transforme tous deux en oxalates, et de leur solution on précipite l'oxalate de cobalt par l'acide acétique concentré. Pour le reste du dosage des deux métaux, voir plus haut.

Cinabre. On le décompose en chauffant avec de l'eau régale, on évapore, on chasse l'acide nitrique en évaporant à plusieurs reprises avec de l'acide chlorhydrique, et de la solution faiblement chlorhydrique on précipite le mercure comme je l'ai indiqué page 140. On siphonne le liquide, on le concentre et on l'additionne d'oxalate de potassium; on sépare ensuite l'oxalate de calcium par filtration, et on dose le fer, le manganèse et l'alumine par la méthode que j'ai indiquée pour les limonites terreuses.

Pour rechercher et doser les impuretés qui peuvent se trouver dans le *zinc brut*, on arrose 10 à 25 grammes de matière dans un matras avec de l'acide chlorhydrique concentré, en quantité telle qu'il reste un peu de zinc non dissous, ou bien on plonge jusqu'à moitié dans de l'acide étendu, un petit morceau de zinc attaché à un fil de platine, on lave au bout de quelque temps le zinc non dissous et on le pèse. Dans ces deux cas, il ne se dissout que du zinc; les métaux constituant les impuretés restent à l'état spongieux; on filtre la solution à travers un filtre à plis, et on lave le résidu. Si l'on fait digérer ce résidu avec de l'acide nitrique, le charbon, l'acide silicique, l'étain et l'antimoine (ou du moins la partie qui ne s'est pas volatilisée à l'état d'hydrogène antimoiné pendant qu'on opérait la dissolution) restent non dissous. Si on dissout le résidu avec de l'acide chlorhydrique concentré et qu'on chasse l'excès d'acide par évaporation, on peut précipiter l'étain par électrolyse, ainsi que je l'ai précédemment décrit. Quant à la solution dans l'acide nitrique, on l'évapore et on en dissout le résidu dans l'acide chlorhydrique étendu. On précipite ensuite par l'hydrogène sulfuré et on dose, de la manière déjà décrite : d'une part dans le précipité, l'antimoine, le cuivre, l'arsenic, le plomb et le cadmium, d'autre part, dans la solution filtrée, le fer, le manganèse et le zinc, après les avoir transformés en oxalates doubles. Pour doser l'antimoine et le fer, on en dissout une portion dans l'eau régale, on chasse l'excédent par l'évaporation, on dissout dans l'acide chlorhydrique, et on sépare les deux métaux, d'abord des autres sulfures, ensuite les uns des autres, en procédant comme je l'ai indiqué plus haut.

Fontes, ferromanganèse, acier. On dose le manganèse par le procédé que j'ai indiqué à propos de la sidérite. Classen recommande d'employer exclusivement les éléments Bunsen pour séparer le manganèse du fer. 2 grammes de matière suffisent pour le dosage du phosphore. En prenant des quantités plus considérables, on aurait des pertes de temps dans l'électrolyse. On fait digérer, jusqu'à décomposition complète, avec de l'acide nitrique de densité 1,2. S'il reste un résidu charbonneux, on décante la solution nitrique et on chauffe avec de l'eau régale. On chasse complètement l'acide nitrique et l'eau régale en évaporant à siccité; puis, les nitrates ne convenant pas pour l'électrolyse, on les transforme en chlorures en les arrosant deux fois avec de l'acide chlorhydrique concentré et en les évaporant à siccité. On arrose le résidu avec de l'eau, on chauffe, et on dissout le chlorure de fer en ajoutant aussi peu d'acide chlorhydrique que possible.

Pour transformer le fer (et le manganèse) en oxalate double, on dissout dans le liquide un mélange de une partie d'oxalate neutre de potassium et de quatre à cinq parties d'oxalate d'ammonium, dont le poids soit égal à cinq ou six fois celui du sesquioxyde que pourrait former le fer contenu dans la matière, on ajoute 200 à 250 cent. cubes d'eau, et après avoir chauffé jusqu'à l'ébullition on le soumet à l'électrolyse. On peut exécuter cette opération dans un vase de verre et prendre pour électrode négative une grande et mince feuille de platine, enroulée en spirale, attachée à un fil de platine et reliée au pôle zinc. Lorsque la réduction du fer est terminée, on décante le liquide, on précipite le manganèse de la manière que j'ai indiquée à propos de la sidérite, on acidule par l'acide chlorhydrique, puis dans la liqueur filtrée on verse de l'ammoniaque et du chlorure de magnésium. Du phosphate ammoniaco-magnésien se précipite ; on le transforme en pyrophosphate de magnésium.

CHAPITRE VIII

Galvanoplastie.

Par galvanoplastie, dans l'acception la plus large, on entend tous les procédés électrolytiques à l'aide desquels on peut obtenir, de solutions salines, des précipités métalliques adhérents. Quelquefois on se borne à colorer superficiellement des objets métalliques, pris pour cathodes : c'est la coloration galvanique des métaux. Parfois on dépose des couches épaisses, durables, sur des corps métalliques ou non, pour en augmenter la beauté et la résistance aux influences extérieures : c'est la galvanostégie, comprenant le nickelage, la dorure, l'argenture, etc. D'autres fois enfin, on prend des empreintes, que l'on détache ensuite de l'objet qui leur a servi de moule, et qui présentent une exactitude irréprochable et une merveilleuse finesse ; que ces copies massives par elles-mêmes servent à l'ornementation, la plastique, etc., cet art constitue la galvanoplastie proprement dite.

Quelle que soit de ces trois opérations celle que l'on veuille pratiquer, il faut que les dépôts métalliques soient uniformes et doués de cohésion ; il ne faut pas qu'ils présentent la moindre lacune, à moins qu'on n'ait voulu précisément interrompre le dépôt en tel ou tel point. Dans les deux premiers de ces arts, on demande à la couche colorante d'être appropriée à l'objet, agréable à l'œil, et de tenir ; dans la galvanoplastie, au contraire, le précipité doit pouvoir se détacher facilement et sans endommager l'objet sur lequel il s'est formé. Cet objet servant de cathode ne doit en aucun cas être attaqué par l'électrolyte, il faut en outre, qu'il soit conducteur ou recouvert d'une couche conductrice.

Faciles à produire et ayant de nombreuses applications, *les précipités galvaniques de cuivre* sont, de tous, les plus importants. Indépendamment de leur intérêt pratique, ils offrent un intérêt historique, car c'est par des dépôts de cuivre que la galvanoplastie s'est révélée d'abord, et développée ensuite. Pour nous, la connaissance de la galvanoplastie date des communications faites par Jacoby en 1839; toutefois les anciens Égyptiens paraissent avoir connu l'art de précipiter le cuivre, d'une solution saline aqueuse, sur des moules non métalliques. On ne peut du moins expliquer autrement la fabrication de nombreux objets que l'on a trouvés dans les sépultures de Thèbes et de Memphis : vases et figurines d'argile, pointes de lances en bois, lames de sabre, recouverts d'une légère couche de cuivre, même des statues de grandeur naturelle, en cuivre, creuses et ne pesant que quelques kilogrammes.

Bien que nous ayons vu, dans le chapitre précédent, qu'il y ait plusieurs sels dont les solutions, traitées par l'électrolyse, puissent donner des dépôts de cuivre; le sulfate est, cependant, de ces divers sels, le seul qui soit usité pour la galvanoplastie. Les phénomènes qui se produisent dans le cuivrage sont, conformément à nos explications précédentes, les suivants. Aussitôt qu'on ferme le courant d'un élément simple (élément Daniell, appareil Jacoby, etc.), le pôle négatif attire les parcelles de cuivre de la solution de sulfate, et le pôle positif l'acide sulfurique du sulfate de zinc. Les parcelles attirées se mettent en mouvement vers leurs pôles respectifs, et traversent même la membrane ou la paroi du vase poreux; mais en route, elles se réunissent, un nombre de fois incalculable, avec les parcelles de polarité contraire rencontrées par elles, pour s'en séparer à nouveau, de sorte que la solution elle-même ne présente aucun changement. Le cuivre ne se dépose qu'au pôle négatif, et au pôle positif il se dissout une quantité de plus en plus grande de la plaque de zinc. La solution de cuivre se régénère grâce aux cristaux de cuivre suspendus dans la solution de sulfate ou reposant au fond; quant au liquide dans lequel se trouve le zinc, il faut de temps en temps le vider à moitié et le diluer avec de l'eau pure.

Les phénomènes qui ont lieu dans un bain composé sont plus simples. Il se dépose constamment du cuivre à la cathode, et l'anode, qui est une plaque de cuivre, se dissout dans la même proportion, de telle sorte que l'électrolyte, solution étendue de sulfate de cuivre, reste toujours inaltéré. Les impuretés de l'anode, acide arsénique, acide stannique, oxyde d'argent, oxyde de plomb, sous-oxyde de cuivre, se déposent à la surface du bain, sous forme de masse noire, pulvérulente. Pour que ces impuretés ne se dissolvent pas et ne se précipitent pas sur le pôle négatif, où elles troubleraient la pureté et l'uniformité du dépôt, il faut de temps en temps (deux fois par jour environ) retirer du bain le pôle positif et le laver; l'interruption plus ou moins longue de l'action galvanique ne nuit pas à la qualité du dépôt.

On peut accélérer la précipitation non seulement en renforçant le courant, mais encore en ajoutant au bain divers ingrédients dont le principal effet est d'augmenter la conductibilité du courant (et par suite de le renforcer indirectement). On attribue même en partie, et avec raison, à ces substances ajoutées, une influence favorable sur la ténacité et la qualité du dépôt. Ainsi il y a lieu de recommander une addition de cinq à sept pour cent d'acide sulfurique (ou d'acide nitrique) concentré, non seulement parce que cette addition augmente la conductibilité, mais encore parce que, avec des courants très faibles (et de grandes surfaces polaires) le dépôt, comme on l'a reconnu par expérience, n'est plus ni aussi cristallin, ni aussi cassant.

On atteint la limite du précipité normal dans les solutions de sulfate de cuivre concentrées, quand il se dépose environ 1 gr.,5 de cuivre par centimètre carré par vingt-quatre heures. Le précipité dans ce cas est rouge foncé et granuleux. On a, au contraire, un précipité complètement normal, lorsque le poids de cuivre déposé n'est que 1 gramme, ce qui correspond à une épaisseur de 1 mm. 1. Il est rare que, au moyen d'un simple appareil galvanoplastique, il se dépose — par vingt-quatre heures et par centimètre carré — plus d'un demi-gramme de cuivre. Dans le chapitre IV, j'ai indiqué le travail que peuvent fournir les diverses machines. Lorsqu'on veut travailler très vite, de manière à obtenir en quelques heures un précipité épais et durable, il faut employer une solution de sulfate de cuivre qui ne soit pas trop concentrée, et la décomposer au moyen d'une pile de Bunsen, entre 30° et 40° C. On peut alors, au bout d'une heure, retirer déjà du moule, un dépôt solide, pesant à peu près un décigramme par centimètre carré, et épais de 0 mm. 1, et au bout de vingt-quatre heures, un dépôt de 2 mm. 2 d'épaisseur, pesant environ 2 grammes.

Les moules destinés à recevoir les précipités sont ou métalliques ou non métalliques (plastiques). Quand on veut produire simplement des dépôts plats ou n'ayant que de faibles reliefs (reproductions de monnaies, de plaques gravées, etc.), les moules métalliques, surtout les moules en plomb et en métal de Rose sont préférables, parce que la précipitation du métal commence immédiatement sur toute leur surface, sans préparation d'aucune sorte ; l'empreinte est parfaite, et, quand les bords du moule ont été recouverts de cire ou d'une autre substance non conductrice, cette empreinte s'en sépare facilement. On peut même se servir de plaques de cuivre, unies ou gravées, recouvertes avec soin de cire fondue, mais la plaque plongée dans l'eau ne doit absolument pas se mouiller. Pour les objets en relief, on emploie des moules de gutta-percha[1], ou même de cire, de stéarine, de paraffine, de soufre, des mélanges de suif, de résine et de cire, etc., que l'on a rendus conducteurs en les recouvrant d'une poudre de bronze ou d'autre substance conductrice, le plus souvent avec du graphite lévigé (plombagine). Le fil conducteur est alors engagé dans la forme latéralement, de sorte que l'enduit conducteur le touche parfaitement, au moins en un point. Le dépôt se produit d'abord sur le fil ; de là il se répand lentement sur la plombagine. Déjà au bout d'une heure, une grande surface peut être complètement recouverte d'une mince couche de cuivre, qui s'accroît lentement et uniformément.

Je me bornerai à mentionner ici quelques-unes des nombreuses applications de la galvanoplastie du cuivre.

1. Ernest Murlot fils, de Paris, prépare un succédané de la gutta-percha, au moyen d'écorce de bouleau. Il fait bouillir fortement cette écorce, particulièrement l'écorce extérieure ; par l'évaporation, il obtient un résidu qui se solidifie rapidement à l'air et qui possède, selon l'inventeur, toutes les propriétés de la gutta-percha. Il serait plus avantageux d'employer ce corps en l'associant à cinquante-cinq pour cent de caoutchouc que de l'employer seul.

On fabrique des quantités considérables de bas-reliefs, de monnaies et de médailles, absolument semblables à l'original, au moyen de dépôts de cuivre de l'épaisseur d'une feuille de papier ou d'une carte dans l'intérieur desquels on coule de l'étain. Les statues sont faites de plusieurs pièces, obtenues sur moules creux, puis rassemblées et soudées les unes aux autres.

Lenoir, de Paris, prépare des moules creux en gutta-percha, composés de plusieurs pièces qu'il rapproche après avoir disposé à l'intérieur une sorte de carcasse en fil de platine, pour répartir le courant dans tous les sens. Le moule doit être ouvert en haut et en bas pour que la solution de sulfate de cuivre puisse y pénétrer et y circuler suffisamment. La surface interne du moule, recouverte de plombagine, sert de pôle négatif, le fil de platine, de pôle positif. Quand on ferme le circuit, le radical acide SO^4 se sépare du côté du fil de platine, et se décompose en SO^3 qui se dissout dans le liquide et en O. Cet oxygène, en se dégageant, entretient dans le moule la circulation de la solution de cuivre. Pour décomposer le liquide dans ces circonstances et vaincre la polarisation du fil de platine produite par l'oxygène, il faut au moins quatre éléments Bunsen, réunis en tension, de sorte que la dépense pour un équivalent de cuivre est de quatre équivalents de zinc, quatre d'acide sulfurique et une quantité correspondante d'acide nitrique ; la dépense est donc quatre fois plus considérable que dans le procédé ordinaire. Depuis qu'on se sert de machines électriques, les frais sont bien moins considérables ; cependant il faut toujours tenir compte du prix élevé de la carcasse de platine. (Pour 1 kilogramme de cuivre déposé, il faut, selon Bouilhet, de 120 à 140 francs de fil de platine.) Dans la fabrique de Christofle, à Paris, on a remplacé ce procédé coûteux par un autre, dû selon les uns à Gaston Planté, selon les autres à Sonolet. Dans ce procédé, le réseau de platine est remplacé par une électrode de plomb, à laquelle on peut beaucoup plus facilement donner une forme semblable à celle de l'électrode négative et on la perce de trous qui permettent au liquide de circuler librement. Le plomb se recouvre bientôt d'une légère couche d'oxyde, devient alors le siège d'un dégagement d'oxygène et n'est plus attaqué. Ce dégagement d'oxygène est très important pour la régularité du renouvellement du liquide qui s'épuise avec le temps.

Cyrille Bonar fait en sorte que le moule creux soit conducteur intérieurement, et il y met une anode, laquelle n'est autre qu'une sorte de chaîne de platine dont toutes les parties communiquent les unes avec les autres, et sont recouvertes d'une substance isolante, paraffine ou cire, interrompue en maints endroits. L'anode, étant articulée, peut suivre tous les contours du moule et le contact entre elle et le moule ne peut s'établir que par les lacunes ménagées dans l'enveloppe isolante. Quand l'étroitesse du moule ne permet pas l'introduction des boules, on entoure le chainon, fil ou plaque, soit d'un bout de tube, soit d'une plaque de caoutchouc ou de toute autre substance isolante. En tout cas l'enveloppe, quelle que soit sa forme, qui dépend de celle du chainon, est percée çà et là. Les points d'articulation sont également protégés par un morceau de tube ou par une bande de substance isolante. Le caoutchouc, en vertu de sa flexibilité, convient parfaitement pour cet usage, parce qu'il permet de courber la plaque.

Les galvanoplastes anglais fabriquent des statues de très grandes dimensions en déposant du cuivre sur des moules d'argile. On plonge une statue ou un groupe dans de la stéarine, on le recouvre soigneusement de plombagine et on le plonge dans un bain de cuivre ordinaire, communiquant avec une pile très faible, et, on produit très lentement un mince dépôt de cuivre. On retire alors l'objet du bain, et on le calcine jusqu'à ce qu'en secouant un peu on réduise le moule en poussière et qu'il ne reste plus que la mince pellicule de cuivre. On vernit cette pellicule extérieurement avec beaucoup de soin, on la replonge dans le bain et on la fait communiquer avec une pile beaucoup plus forte. Le cuivre se dépose alors à l'intérieur. Quand la paroi métallique est devenue assez épaisse, l'opération est terminée.

Au lieu d'un moule d'argile, on peut prendre un moule de cire, ou de cire et de résine mélangées[1], le rendre conducteur, le cuivrer, le séparer de la mince pellicule de cuivre en le faisant fondre et terminer la statue comme dans le cas précédent.

On peut, de la même manière, recouvrir complètement, d'un léger enduit de cuivre, des statuettes de bois et de plâtre ; on peut appliquer du cuivre sur partie ou totalité de la surface de vases de verre et de porcelaine ; il faut commencer par appliquer sur ces divers objets un enduit de plombagine pour les rendre conducteurs.

Souvent les parties rentrantes de la surface des moules de plâtre reçoivent beaucoup moins le cuivre que les parties en saillie. Hœeren de Hanovre a fait les expériences suivantes, pour éviter cet inconvénient :

1. Rauscher, de Berlin, prend des alliages métalliques facilement fusibles ou facilement attaquables ; la pellicule terminée, il les fait fondre ou les dissout dans des acides.

1° Un moule de plâtre ayant une dépression tubulaire de cinq centimètres environ fut imbibé de cire, bien plombaginé, puis placé dans une capsule remplie d'acide sulfurique étendu (10 volumes d'eau pour un volume d'acide sulfurique), dans laquelle se trouvait une plaque de charbon faisant fonction d'anode. Le fil conducteur négatif fut amené jusqu'au fond de la dépression, de sorte qu'il y touchait l'enduit de plombagine. On mit alors, dans la capsule, du sulfate de cuivre en petits cristaux. Deux petits éléments Daniell fournissaient le courant électrique. De temps en temps on ajouta un peu de sulfate jusqu'à ce que l'on put supposer que la partie inférieure de la dépression était suffisamment recouverte de cuivre. On continua ensuite à ajouter des cristaux, mais moins fréquemment, jusqu'à ce que le dépôt de cuivre se fût prolongé jusqu'à l'orifice de la dépression. Si dès le début on avait rempli la dépression avec des cristaux de cuivre ou avec une solution de sulfate de cuivre, le dépôt aurait commencé par le fond, au point où le fil conducteur touchait la plombagine; mais il se serait rapidement élevé le long des parois latérales, et à partir de ce moment le dépôt de cuivre ne se serait fait que dans les parties supérieures, voisines de l'anode, et non dans le fond.

2° On peut simplifier le procédé précédent qui consiste à faire commencer le cuivrage par le bas et à le faire progresser vers les couches supérieures en ajoutant peu à peu du sulfate de cuivre, en remplissant toute la dépression jusqu'au bord avec du sulfate de cuivre; mais au lieu de faire descendre le fil conducteur jusqu'au fond, on le met en contact avec la plombagine au voisinage du bord. Le dépôt de cuivre commence alors par le bord, et il continue à s'y produire aussi longtemps qu'il y a du cuivre. Mais, dès que les couches supérieures du liquide sont épuisées, le courant se dirige vers les couches inférieures; les parois voisines se recouvrent de cuivre à leur tour, et ainsi de suite jusqu'au fond. On double l'épaisseur de la couche de cuivre, en ajoutant de nouveaux cristaux dans le liquide; on peut même calculer approximativement l'épaisseur du dépôt correspondant à chaque nouvelle addition de cuivre.

3° Le troisième procédé, et le meilleur selon l'auteur, est tout différent. On remplit de sulfate de cuivre jusqu'au bord toute la cavité, après l'avoir bien plombaginée, et l'on établit le contact entre le fil conducteur et la plombagine, un peu au-dessous du bord de la cavité. Le dépôt du cuivre commence alors par en haut. Au lieu d'attendre comme dans le deuxième procédé, que tout le sulfate de cuivre soit décomposé, on en tient la cavité constamment remplie tant que le dépôt n'a pas atteint l'épaisseur voulue.

A partir de ce moment, on ne met plus de cristaux que jusqu'aux trois quarts de la hauteur, puis jusqu'à la moitié, etc., pour faire descendre le dépôt de cuivre successivement dans les parties creuses; car, comme il ne reste plus dans les parties supérieures, que de l'acide exempt de cuivre, le cuivrage cesse d'y augmenter et le courant électrique cesse d'y passer pour se se diriger vers les couches du fond.

Dans ces diverses méthodes, le moule est complètement immergé dans de l'acide exempt de cuivre, et ce n'est que dans les cavités à cuivrer que l'on introduit en cristaux broyés la quantité nécessaire de sulfate de cuivre.

Les *plaques de cuivre pour graveurs* produites par la galvanoplastie, sont très pures et très homogènes;

aussi offrent-elles, dans tous les sens, la même résistance à la pointe. Avant de les graver, on les chauffe au blanc et on les martelle, ce qui augmente leur solidité. On peut reproduire les plaques gravées en autant d'exemplaires que l'on veut, de manière à conserver intact l'original lui-même et à tirer toutes les épreuves sur les reproductions galvanoplastiques. De même l'imprimeur peut stéréotyper sa composition en en prenant une empreinte à la gutta-percha et en produisant un dépôt de cuivre sur le moule ainsi obtenu : procédé auquel on a donné le nom d'*électrotypie*. On reproduit également par l'électrotypie les gravures sur bois, et c'est avec des clichés semblables que l'on imprime les illustrations des livres ou des journaux, car le cuivre résiste beaucoup mieux que le bois à l'action de la presse. On a même inventé récemment des méthodes nouvelles qui permettent de produire, par la galvanoplastie, des plaques de cuivre pouvant servir également avec la presse à tirer les gravures sur cuivre et avec la presse typographique.

On ne peut pas cuivrer *le fer et le zinc* avec une simple solution de sulfate de cuivre, par suite de la décomposition chimique qu'exercent sur elle ces métaux, sans l'aide d'aucun courant, en ne donnant toutefois qu'un dépôt d'une très mauvaise adhérence; mais, si l'on ajoute du cyanure de potassium en excès, le précipité qui s'est formé d'abord se redissout, et la moitié du cyanogène, gaz vénéneux, se dégage :

$$2KCy + 2CuSO^4 = Cu^2Cy + 2KSO^4 + Cy.$$

En effet, il n'existe qu'un cyanure correspondant au sous-oxyde de cuivre Cu^2O, le cyanure de cuivre, qui est soluble dans un excès de cyanure de potassium. Quand on ajoute au cyanure de potassium une certaine quantité de sulfite de soude, le cyanogène se transforme en acide cyanhydrique ou prussique (Cy H) tandis que le sulfite en s'oxydant se transforme en sulfate ($Cy + NaO,SO^2 + HO = Cy\ H + NaO\ SO^3$). Pour que l'acide prussique, gaz excessivement vénéneux, ne se dégage pas, on doit ajouter en même temps un peu d'ammoniaque, pour qu'il puisse se former du cyanure d'ammonium, sel non volatil. Voici la recette, basée sur ces réactions : dissoudre dans 20 litres d'eau (de pluie), 500 grammes de cyanure de potassium et 300 grammes de sulfite de soude. Verser ensuite un mélange de 350 grammes d'acétate de cuivre et de 200 grammes d'ammoniaque, dissous dans 5 litres d'eau.

Autres recettes recommandées :

1° Mélanger 140 grammes de sulfate de cuivre dissous dans 840 grammes d'eau avec 140 à 200 grammes de cyanure de potassium dissous dans un kilogramme d'eau.

2° Selon Weill, dissoudre dans 10 litres d'eau 350 grammes de sulfate de cuivre, 1,500 grammes de tartrate double de soude et de potasse, et 800 grammes de soude, etc., etc.

Quand la couche de cuivre doit être recouverte d'autres enduits métalliques (or ou argent), il suffit souvent d'une pellicule très mince que l'on produit en quelques minutes ; mais, quand l'objet doit être exposé à l'air, comme les statues de zinc, par exemple), il faut produire un dépôt de cuivre beaucoup plus épais et continuer l'opération pendant quelques heures, ou l'interrompre, et après avoir bien lavé l'objet, le plonger dans le bain de sulfate de cuivre simple, dont l'action est bien plus rapide et bien plus économique que celle du bain additionné de cyanure de potassium.

La *Postal telegraph Company* de New-York exécute

en grand le cuivrage des fils télégraphiques d'acier, avec 200 bains au sulfate de cuivre et 25 grandes machines dynamo-électriques. Le fil, se déroulant lentement sur un cylindre, traverse une série de bains, jusqu'à ce que l'enduit de cuivre ait une épaisseur suffisante. Cette opération dure environ 60 heures. Par chaque tonne de cuivre, il se dépose de 4 à 500 grammes d'argent au fond des bacs, quantité qui, d'après l'*Engineering and Mining Journal*, serait suffisante pour couvrir les frais de l'opération du cuivrage. Avec les appareils actuels, on peut recouvrir en un jour, avec 250 kilogrammes de cuivre, 16 kilomètres de fil d'acier pesant 70 kilogrammes par kilomètre ; mais on pourrait recouvrir de cuivre 45 à 50 kilomètres par jour.

Pour éviter les cyanures vénéneux et chers, F. Weil se sert de solutions organico-alcalines [1], et il recommande particulièrement une addition de glycérine. Il a employé trois méthodes différentes : 1° On plonge dans la solution les objets à cuivrer et on les met en contact avec du fil de zinc. Selon la destination des objets, on les laisse dans le bain, de quelques minutes à plusieurs heures. 2° On met dans le liquide des vases poreux remplis de lessive de soude et dans lesquels plongent des plaques de zinc. Ces vases poreux sont réunis par un épais fil de cuivre avec les objets à cuivrer. Dès que la lessive est saturée d'oxyde de zinc, on précipite cet oxyde par le sulfure de sodium ; celui-ci forme de l'hydrate de sodium, et le sulfure de zinc qui se produit peut être employé avantageusement. 3° Pour obtenir des dépôts de cuivre très épais, on

1. On se servirait au Val d'Osne, pour le cuivrage de la fonte par la méthode Weil, non d'une solution alcaline, mais d'une solution acide formée par un sel double d'un acide organique avec le cuivre et un alcali.

emploie dans les mêmes circonstances une machine dynamo-électrique. Il est évident que le liquide s'appauvrit constamment en cuivre ; on ajoute du bioxyde pour compenser la perte. Quand on veut doser le cuivre, on prend 10 centimètres cubes du liquide additionnés de 30 à 40 centimètres cubes d'eau, et on y verse une solution titrée de protochlorure d'étain jusqu'à ce que la coloration vert jaune disparaisse.

On produit des *dépôts de laiton* sur le fer et davantage encore sur le zinc. Les pieds de lampe, en zinc fondu, recouverts d'une mince couche de laiton, ont véritablement l'aspect du bronze. On opère avec le bain que voici : 700 grammes de sulfite de soude et un kilogramme de cyanure de potassium pour 20 litres d'eau, avec un mélange de 5 litres d'eau, 350 grammes d'acétate de cuivre, 350 grammes de chlorure de zinc et 400 grammes d'ammoniaque. On peut aussi dissoudre, dans de l'eau, du cyanure de potassium seul, puis relier le laiton au pôle positif d'une pile et le fer, zinc ou cuivre au pôle négatif. Le laiton se dissout au pôle positif, où il se dégage du cyanogène, tandis qu'au pôle négatif il se sépare du potassium qui décompose l'eau en formant de la potasse et en donnant lieu à un dégagement d'hydrogène. Au bout de quelque temps il se sépare du laiton au pôle négatif; on remplace alors, par l'objet à recouvrir, la surface métallique qui a servi de pôle jusqu'à ce moment. Si la couleur du dépôt de laiton est trop claire, on remplace momentanément le pôle positif, en laiton, par un pôle en cuivre, que l'on laisse jusqu'à ce que l'on ait obtenu la couleur voulue. Quand, au contraire, la couleur est trop rouge, on emploie pendant quelque temps un pôle positif en zinc.

Elsner recommande un mélange de 2 parties de

sulfate de cuivre avec 1 partie d'eau de pluie, 2 parties de sulfate de zinc avec 1 partie d'eau de pluie et 4 parties de cyanure de potassium dissous dans une petite quantité d'eau (afin de redissoudre le precipité formé en premier lieu), et un peu d'une solution de potasse caustique.

Heeren recommande de dissoudre 1 partie de sulfate de cuivre dans 4 parties d'eau chaude, 8 parties de sulfate de zinc dans 16 parties d'eau, 18 parties de cyanure de potassium dans 36 parties d'eau et d'ajouter à la dissolution de cyanure de potassium, 250 parties d'eau distillée.

Le laitonnage exige une attention spéciale, car l'intensité du courant exerce également une grande influence sur la couleur du précipité. Un courant fort donne une couleur pâle, un courant faible une couleur foncée; il faut donc recommander l'emploi d'un régulateur de courant.

Hess prétend que les bains, dont la formule suit, sont exempts des inconvénients des « anciens bains, » lesquels, quand le courant est trop fort, ne donnent qu'un dépôt de zinc gris, quand le courant est trop faible, un dépôt rosé fauve, dans le cas le plus favorable un dépôt jaune paille, sans éclat. Voici cette formule : dissoudre 84 grammes de bicarbonate de sodium, 54 grammes de chlorure d'ammonium et 13 grammes de cyanure de potassium dans 2 litres d'eau. Il prend pour anode une feuille de laiton qui recouvre complètement les parois du vase dans lequel est le bain ; il suspend dans ce bain un morceau de laiton, qui fait fonction de cathode, et il laisse le courant circuler pendant une heure. Un bain ainsi préparé dissout, à ce qu'il paraît, tous les alliages qui s'y trouvent, de sorte qu'on peut former des enduits de tous les alliages possibles, avec la couleur spéciale à chacun de ces alliages.

Voici comment Weil produit sur le fer des précipités de cuivre irisés : dans 35 parties de sulfate de cuivre ou une quantité équivalente d'un autre sel de cuivre, il verse la quantité de soude caustique ou d'un autre alcali nécessaire pour précipiter l'hydrate d'oxyde de cuivre ; il ajoute cet oxyde à une solution de 150 parties de tartrate de potassium dans 1000 parties d'eau. Il ajoute ensuite 60 parties de soude caustique pure, contenant 70 pour 100 de soude, et il obtient ainsi une solution claire de cuivre. On peut remplacer le tartrate de potassium par d'autres tartrates alcalins ou par l'acide tartrique lui-même ; mais, quand on se sert de l'acide tartrique, il faut ajouter plus de soude caustique, afin de saturer cet acide. On peut aussi employer de l'oxyde de cuivre précipité par l'hypochlorite de chaux ; mais en tout cas il faut que les proportions du cuivre et de l'acide tartrique ajoutés restent les mêmes, et il n'est pas utile d'augmenter beaucoup la proportion de soude. L'objet à cuivrer doit être lavé, dans un bain alcalino-organique, avec une brosse à gratter ; on le fixe ensuite à la cathode, on le plonge dans le bain de cuivrage et on le traite avec les précautions ordinaires ; il se recouvre très rapidement d'un enduit adhérent de cuivre métallique. Au fur et à mesure que le bain dépose son cuivre, il faut compenser la perte en alimentant avec de l'oxyde de cuivre préparé comme je l'ai dit plus haut ; mais il ne faut pas que la proportion de cuivre contenu dans le bain soit, par rapport à la quantité d'acide tartrique, supérieure à celle que j'ai indiquée. Quand la teneur en cuivre est beaucoup plus forte, il se produit à la surface du métal une irisation que l'on peut utiliser pour produire des effets artistiques. Selon la durée de l'immersion, l'intensité du courant et le rapport entre le cuivre et l'acide tartique, on peut produire des irisations plus ou moins accusées. On peut, du reste, ménager ces effets, en recouvrant d'un vernis ou de paraffine certaines parties de l'objet, pendant toute la durée ou pendant une partie seulement de l'opération. La méthode qui vient d'être décrite dans son ensemble permet de produire toutes les nuances comprises entre celles du laiton et du bronze, ainsi que le rouge, le bleu et le vert.

Pour nikeler, il suffit de remplacer l'oxyde de cuivre précipité, par de l'oxyde de nikel.

Selon Kick, pour *colorer des objets de laiton* par galvanoplastie, on les fait servir d'anodes dans un bain que l'on prépare en dissolvant 1 kilogramme de potasse caustique dans 4 kilogrammes d'eau, en versant dans ce liquide bouillant quelques cuillerées de PbO (massicot ou litharge en poudre) et en laissant reposer quelque temps. La décomposition galvanique produit, sur l'objet suspendu servant d'anode, un mince précipité de peroxyde de plomb, qui selon son épaisseur prend diverses couleurs : rouge, rouge bleu, vert, gris. On retire l'objet dès qu'on a obtenu la teinte convenable. Comme il est très difficile, avec un courant intense, d'obtenir des teintes uniformes, on opère avec des courants modérés. On prend pour cathode une feuille de platine. Pour que la distance entre les diverses parties de la surface de l'objet et la cathode ne soit pas trop inégale, on ploie cette feuille de manière à former un tube entourant l'objet.

On a longtemps essayé inutilement de pratiquer d'une façon rationnelle *l'étamage galvanoplastique*. Ce n'est que tout récemment que l'on est parvenu à lui faire prendre place à côté de l'étamage à sec. De Ruolz, Roseleur, Bouchee, Steele, Tosco Peppe, Fequieux ont indiqué diverses méthodes; aucune d'elles ne s'est imposée. Maistrasse a obtenu de meilleurs résultats avec une solution de soude caustique, de protocholure d'étain et de cyanure de potassium. Hesse a recommandé récemment un bain d'étain composé de : 1 litre d'eau, 50 grammes de phosphate de sodium, 50 grammes de chlorure d'ammonium, 25 grammes de sel d'étain. Il a proposé aussi un autre bain, mais celui-ci seulement pour opérer un dépôt par ébullition sur les objets de zinc : ce second bain se compose simplement de lessive de soude caustique à 16 degrés avec 20 grammes de sel d'étain par litre. Il parait que l'emploi de ces deux bains a donné de bons résultats. Hess recommande de bien veiller à ce que l'alcali soit exempt d'acide carbonique, car ce n'est qu'à cette condition que le dépôt se produit facilement. On donne au bain cette qualité en le faisant bouillir avec 1 pour 100 de bonne chaux vive. Un autre bain usité se compose de 400 grammes de pyrophosphate de potassium ($K^4P^2O^7$), 150 grammes de protochlorure d'étain et 650 grammes d'eau. On prend pour anode un petit morceau d'étain Banca pur, et le pôle négatif est formé par un petit morceau de zinc.

Weigler recommande la méthode suivante : faire passer du chlore, jusqu'à saturation, dans une solution concentrée de protochlorure d'étain, diluer la solution avec dix fois son volume d'eau, chauffer pour chasser l'excès de chlore et filtrer. Décaper dans de l'acide étendu les objets à étamer, les frotter avec du sable fin, les laver, et les suspendre de 10 à 15 minutes dans le bain, à des fils de zinc. Un vice de ce procédé, c'est que le bain ne tarde pas à se saturer de chlorure de zinc et que, par conséquent, il faut renouveler souvent le sel d'étain.

Hern propose le bain suivant : 62 grammes d'acide tartique, 3 litres d'eau, 90 grammes de carbonate de sodium et 90 grammes de protochlure d'étain. L'étamage se produit un peu plus lentement que par le procédé Weigler.

Alfred Cox de Bristol recommande le procédé suivant pour l'étamage du plomb. On précipite par le phosphate de sodium une solution concentrée de protochlorure d'étain du commerce. On lave le précipité (mélange de phosphate de bioxyde et de protoxyde d'étain) et on le redissout dans une lessive de soude concentrée, après avoir ajouté à la solution 5 0/0 environ d'ammoniaque caustique. On décompose par le courant électrique la solution étendue d'eau.

Le zincage galvanoplastique des objets de fer et d'acier a été proposé souvent comme un moyen de protéger ces métaux contre la rouille ; cependant on n'a pas encore réussi à obtenir par ce procédé un enduit aussi durable et aussi dense que par le zincage à sec. Mais, comme les récipients destinés au zincage à sec ne peuvent dépasser certaines dimensions, et que, du reste, ce système serait trop cher pour les pièces métalliques destinées aux constructions, de nombreuses applications sont réservées au zincage galvanoplastique, quand on aura trouvé un procédé permettant de faire des enduits durables.

Le bain le plus usité se compose d'une solution d'oxyde de zinc dans une solution de potasse caustique. que l'on prépare en mélangeant du sulfate de zinc et un excès de potasse caustique.

On peut aussi dissoudre du zinc dans l'acide chlorhydrique et ajouter de la potasse caustique à la solution étendue d'eau.

Le *nikelage* et la reproduction galvanoplastique en nikel s'opèrent dans des bains ammoniacaux dont on a beaucoup discuté la composition. Selon Bouilhet, la condition principale pour que l'enduit ait un bel aspect et se conserve longtemps, c'est que les bains soient neutres, ou à peu près, et soient maintenus neutres pendant la durée de l'opération. Sinon, l'enduit devient gris et cassant. La présence de la soude ou de la potasse ne gêne pas l'opération, cependant le meilleur bain est celui qui ne se compose que de sulfate double ammoniacal.

Bouilhet attribue les progrès que l'on a réalisés dans le nikelage, au cours de ces dernières années, moins à l'emploi de bains mieux composés qu'à celui de machines électriques, lesquelles, par rapport aux piles employées jusqu'ici, fournissent un courant plns abondant, plus constant, et surtout beaucoup plus économique.

Vu l'importance du sujet, je décrirai avec quelques détails les procédés usités dans les établissements français pour déposer du nikel sur des objets de cuivre, de bronze, de laiton ou d'autres alliages contenant du cuivre en quantité prédominante.

Il faut distinguer entre la préparation du *nikel poli* et celle du *nikel vif*.

Dans la première, il s'agit de traiter des objets déjà polis dont nous n'avons pas à examiner ici les détails de la préparation.

Les objets étant polis, décapés et dégraissés, on les plonge dans un bain d'acide nitrique ou d'un mélange d'acide nitrique avec de l'acide chlorhydrique ou de l'acide sulfurique; quand le polissage a été bien fait, la couche métallique superficielle est promptement enlevée. On se sert ensuite d'un bain de blanchiment formé de 100 parties d'acide nitrique, 100 parties d'acide sulfurique, 1 partie de chlorure de sodium et 1 partie de suie de bois résineux calcinée.

Tous les matins, avant de commencer le travail, il faut ajouter une nouvelle quantité de chlorure de sodium et de suie. Lorsque la pièce à nikeler a quitté le bain de blanchiment, on la lave avec soin, dans divers réservoirs que traverse de l'eau courante fraiche et pure, puis on la transporte dans le bain de nikelage, contenu, comme le sont les bains galvanoplastiques ordinaires ou mieux les bains d'argenture et de dorure avec courant extérieur, dans une capsule de porcelaine, ou de bois intérieurement revêtu de gutta-percha. Sur les bords se trouvent de petits appuis de bois sur lesquels passent les fils conducteurs. Les anodes de nikel sont suspendues au crochet du fil conducteur positif; les objets à nickeler sont attachés aux crochets du pôle négatif.

Il faut, pour le nikelage, un courant très fort. Un bain de 200 à 300 litres, par exemple, exige six éléments Bunsen, de 22 centimètres. On emploie donc de préférence les machines dynamo-électriques.

La composition du bain de nikelage est très simple. On prépare une solution aqueuse de sulfate de nikel ammoniacal à 7 ou 8 0/0, soit 70 à 80 grammes par litre. Le bain doit être et rester neutre au papier de tournesol, état que l'on obtient facilement en ajoutant de l'ammoniaque ou de l'acide sulfurique.

On trouve dans le commerce un produit dénommé sel neutre, mélange de phosphate et de bicarbonate de sodium avec du sulfate d'ammonium. Le phosphate et le bicarbonate augmentent la conductibilité électrique du bain.

Au bout d'un certain temps de service le bain se remplit d'impuretés de toute sorte qui proviennent des objets que l'on y a mis à nikeler. On les enlève généralement en les précipitant par du sulfure de sodium, qui n'a pas d'action sur le nikel. On laisse le précipité se déposer et on filtre.

Il y a beaucoup de galvanoplastes qui ajoutent à leurs bains, de temps en temps, de nouveau sulfate de nikel; mais cette opération est inutile quand l'opération est bien conduite, car l'anode métallique doit se dissoudre au fur et à mesure que les objets à nikeler se recouvrent de ce métal.

Le prix du nikel ayant temporairement augmenté, on a pensé à se servir d'anodes positives, insolubles, et l'on a eu recours au charbon de cornue. Dans ce cas, il faut travailler à chaud et avec un bain qui ait la composition suivante : pour 10 à 15 litres d'eau, 1 kilogramme de sulfate de nikel ammoniacal, 1 décigr. de sulfate de sodium, 25 centigr. de bicarbonate de sodium et 2 décigr. d'acide citrique. Pour précipiter les métaux étrangers on ajoute en même temps dans le bain 5 à 6 grammes de sulfure de sodium, et tous les jours ou tous les deux jours on le nettoie avec quelques gouttes d'une dissolution de ce sel. Au fur et à mesure que le bain s'use, il faut ajouter du sulfate de nikel ammoniacal. Les bains chauds donnent des précipités plus brillants, mais moins solides que les bains froids.

Quand l'objet sort du bain, on l'immerge dans de l'eau chaude, puis on le dessèche dans de la sciure de bois ; enfin on le met dans un drap et on le polit au brunissoir.

Le *nikel vif* se fait avec des objets non polis, mais qui doivent être décapés avec d'autant plus de soin. La méthode ne diffère pas beaucoup.

Si les objets à nikeler sont en fer, en acier ou en fonte, on les plonge 15 à 20 minutes dans une solution aqueuse bouillante, de 15 à 20 pour 100 de potasse, puis dans de l'eau saturée de potasse et de chaux éteinte ; on les brosse vivement, on les lave à l'eau pure et on les met dans le bain de nikel qui doit être encore plus souvent nettoyé par le sulfure de sodium.

Pour nikeler le fer, l'acier, la fonte et le zinc, il faut employer un courant électrique d'une force spéciale, ce qui tient au pouvoir conducteur de ces métaux. Pour que l'enduit, tout en étant solide, soit aussi brillant que le dépôt formé dans le bain chaud, il est avantageux, au bout de quelques minutes de retirer les objets du bain froid, pour les mettre dans le bain de nikelage chaud. La composition du bain chaud peut être la même que celle du bain froid, et l'aréomètre Beaumé doit marquer de 3 à 4 degrés. Enfin on lave les objets à l'eau chaude et on les sèche dans de la sciure de bois. On avive l'éclat, très économiquement, en les secouant dans un mélange de sciure de bois et de rouge à polir. A cet effet, on met ces objets dans un sac, et en agitant comme il faut, on arrive bientôt au résultat voulu.

Pour recouvrir de nikel des objets non métalliques, il faut produire à leur surface un dépôt de cuivre, que l'on recouvre ensuite de nikel.

Powell, de Cincinnati, a trouvé qu'une addition d'acide benzoïque à un sel de nikel, surtout quand on se sert d'une solution nettement alcaline, suffit pour produire un bel enduit, blanc d'argent, adhérent et uniforme. De plus, grâce à cette addition, la solution se conserve plus longtemps, les anodes se dissolvent rapidement, et la densité du liquide ne change pas. La quantité à ajouter n'est pas tout à fait arbitraire ; elle varie de 1 gramme à 8 grammes par litre de solution, selon la nature de celle-ci. Du reste l'acide benzoïque peut être remplacé par un de ses sels, tel que son sel de nikel. (De même il est avantageux de recourir à une addition de ce genre, avec les solutions de cobalt, de manganèse et d'autres métaux.) L'inventeur recommande particulièrement les additions suivantes pour un bain de 4 litres et 1/2.

1

Sulfate de nikel	124 grammes
Citrate —	93
Acide benzoïque	31

2

Chlorure de nikel.	62
Citrate —	62
Acétate —	62
Phosphate —	62
Acide benzoïque	31

3

Sulfate de nikel	93
Citrate —	93
Benzoate —	31
Acide benzoïque	8

4

Acétate de nikel.	93
Phosphate —	31
Citrate —	93
Pyrophosphate de sodium . .	62
Bisulfite de sodium.	31
Ammoniaque	155

Comme l'acide benzoïque est très peu soluble dans l'eau, on fera bien de chauffer les sels de nikel dans une quantité d'eau convenable et d'ajouter l'acide benzoïque pendant l'ébullition; il se dissout bien plus facilement en présence des sels de nikel que dans l'eau pure.

L'avantage de cette découverte, si elle se confirme,

consiste en ce qu'on n'aurait plus besoin d'employer de sels chimiquement purs. Pour préparer l'acétate, le citrate, le sulfate, le chlorure de nikel, ou pour dissoudre l'oxyde de nikel, on se servirait des acides ordinaires, qu'on trouve à bon marché dans le commerce, et l'on obtiendrait ainsi à un prix bien inférieur un bain de nikelage qui serait excellent, car l'influence nuisible des impuretés toujours contenues dans ces sels se trouverait compensée par l'acide benzoïque. Il est évident que ces solutions conviennent également pour l'électrotypie, dans laquelle le métal se dépose sur les surfaces rendues conductrices par un faible enduit de plombagine, de poussière de bronze, etc. Le dépôt peut se détacher de la même manière de la surface, métallique ou non, qu'il a recouverte, aussitôt qu'il a atteint l'épaisseur voulue. Quand les solutions à employer contiennent des sels ammoniacaux ou alcalins, on ajoute du pyrophosphate de sodium ou de bisulfite de sodium pour que la décomposition ne soit pas incomplète. Enfin on peut remplacer, soit en totalité soit en partie, l'acide benzoïque par de l'acide salicylique, ou de l'acide gallique ou pyrogallique.

Selon Weston, de Newark, il vaut mieux ajouter de l'acide borique que d'autres substances pour faciliter l'électrolyse des sels de nikel; l'acide borique empêcherait les combinaisons basiques de nikel de se former à la cathode. Weston recommande particulièrement 5 parties de chlorure de nikel et 2 d'acide borique ou 2 de nickel et 1 d'acide borique. On améliore encore les deux solutions en leur ajoutant de la potasse, de la soude ou de la chaux caustiques, tant que le précipité formé par cette addition se redissout. Le nikel précipité de ces solutions est très adhérent, très mou, très flexible et très malléable. On peut, à ce qu'il paraît, polir ou estamper de la tôle nikelée par ce procédé, sans altérer le dépôt.

J.-E. Chaster se sert d'un citrate double de nikel et d'amonium. Grâce à ce citrate, un courant bien plus faible est suffisant. De plus, par suite d'une modification de l'élément, Chaster obtient un courant beaucoup plus régulier. Trois de ces éléments, que Chaster réunit dans un récipient de bois en un appareil à nikelage transportable donnent, selon lui, un courant suffisant pour décomposer ce sel double.

Selon le docteur Langbein, tous les bains de nikel qui contiennent du chlorure de nikel, du nitrate de nikel et du chlorure d'ammonium ne permettent pas d'opérer un nikelage solide, durable, protégeant les métaux contre les influences atmosphériques, car, surtout avec le fer nikelé, ils favorisent la corrosion plutôt qu'ils ne l'empêchent, même quand ces bains sont faiblement alcalins. La formation de la rouille ne provient pas de ce que les objets nikelés ont été insuffisamment lavés, car elle se produit même quand ils ont été passés huit fois à l'eau pure et rinçés à l'eau distillée chaude. — L'addition de chlorure d'ammonium favorise, il est vrai, la formation du dépôt, mais aux dépens de l'uniformité et de la densité. Un dépôt ainsi obtenu, pour ainsi dire forcé, n'a pas les propriétés voulues; il est plus grossier, il ne couvre pas uniformément le métal qui lui sert de base; enfin le nikel qui s'est deposé sous l'influence du chlorure d'ammonium est excessivement mou, grave défaut, car dans les applications on a souvent besoin de donner à un métal mou une plus grande résistance au moyen du précipité de nikel.

On voit revenir souvent, dans les recettes de métier, une forte addition de sulfate d'ammonium. Cette addition a, d'après le même auteur, l'inconvénient de donner une teinte mate aux objets qui sont dans le bain, de les *surnikeler*, avant que la couche de nikel soit devenue assez épaisse. Le bain de nikel, à l'acide borique, de Weston, fournit des résultats passables ; toutefois le précipité laisse beaucoup à désirer sous le rapport de l'uniformité; il s'effeuille souvent, surtout quand la couche de nikel est assez épaisse. L'addition d'acide borique paraît développer la nature cassante de l'enduit. On trouve dans le commerce, à un prix élevé, un bain de nikel « américain », qui vient de Berlin, et qui n'est autre chose qu'une solution de chlorure d'ammonium dans laquelle on a fait entrer par électrolyse 1 °/₀ de protoxyde de nikel; il faut donc que tout le nikel soit fourni par les anodes. D'autre part, on trouve dans le commerce des bains de nikel d'un bas prix fabuleux; ces bains sont préparés avec des produits bruts provenant du traitement des minerais et contiennent énormément de cuivre, ce qui rend simplement impossible un bon nikelage.

Les bains Langbein, dont la base est le sulfate de nikel pur, mais qui contiennent en outre de petites quantités de substances conductrices, sont ceux qui ont jusqu'à présent donné les meilleurs résultats. Ils permettent d'obtenir des couches de nikel dures, prenant très bien le poli, homogènes, épaisses comme du fort papier à écrire et ne s'effeuillant pas.

Pour nikeler, galvaniquement, des feuilles de fer, de zinc ou de tôle, d'après le brevet n° 19720 de Ehregott Schrœder, de Leipzig, on les lave, on les recouvre directement, sans cuivrage préalable, d'une couche de nikel de $\frac{1}{10}$ de millimètre d'épaisseur, puis on les lamine plusieurs fois, soit à une chaleur modérée, soit à froid, jusqu'à ce qu'elles aient l'épaisseur voulue et une surface nette. La tôle se lamine, selon les besoins, avant et aussi après le nikelage.

On acière par galvanoplastie les planches de cuivre qui doivent servir à l'impression. La couche de fer résiste plus longtemps que le cuivre. Il est plus facile de la renouveler, quand elle est endommagée : une immersion dans l'acide sulfurique étendu la fait disparaître en quelques secondes, et on n'a plus qu'à renouveler l'enduit.

On peut se servir pour aciérer, d'un bain composé de protochlorure de fer et de chlorure d'ammonium, que l'on prépare en plongeant, dans une solution assez concentrée de chlorure d'ammonium, des plaques de fer faisant fonctions de cathodes et d'anodes et en faisant agir le courant (24 heures environ) jusqu'à ce que l'apparition du sesquioxyde donne au liquide une teinte verdâtre (rosée à la surface). Ce liquide se décomposant sous l'influence de la lumière, il ne faut pas employer de vases de verre.

Pour dorer et argenter galvaniquement, on dégraisse et on lave avec soin les objets, puis on les met dans une dissolution de cyanure de potassium et du métal dont on veut se servir, au pôle négatif de la pile (depuis quelque temps on se sert surtout des éléments de Smee), tandis qu'on prend pour électrode positive une plaque d'or ou d'argent qui se dissout peu à peu et qui maintient constante la teneur du bain en métal. Selon Kick, il faut 200 à 300 grammes d'or pour 1 kilogramme de cyanure de potassium et 20 litres d'eau; une addition de potasse caustique produit un effet excellent.

Crookes recommande une solution d'or, dont voici la préparation : dissoudre 1 kilogramme de cyanure de potassium dans 1 litre d'eau distillée, et 7 grammes d'or très fin dans de l'eau régale, évaporer l'or au bain-marie jusqu'à siccité, dissoudre dans de l'eau distillée et ajouter un peu de cyanure de potassium. Ou bien : dissoudre dans l'eau distillée le sel d'or obtenu par évaporation, précipiter avec précaution par le sulfate de protoxyde de fer, recueillir sur un filtre l'or finement divisé, le laver à l'eau distillée, et le dissoudre enfin dans le cyanure de potassium. On prépare des bains d'or par électrolyse en suspendant des feuilles d'or à la place de la cathode et de l'anode, en remplissant de cyanure de potassium l'auge à dorure et en faisant agir le courant, pendant un jour ou deux, jusqu'à ce qu'une quantité d'or suffisante se soit dissoute.

On obtient, selon Bouilhet, des enduits décoratifs d'or vert et rouge en mélangeant de l'argent ou du cuivre au bain d'or. Bouilhet dit qu'il est très difficile de déterminer par avance la composition de ces bains, de manière à obtenir avec certitude un enduit de la couleur voulue. Dans un bain d'or, brun, ordinaire, contenant 5 à 6 grammes d'or par litre, on fait passer un courant électrique en prenant pour électrode positive une plaque d'argent pur. Aussitôt que le métal qui se dépose au pôle négatif a pris la couleur verte voulue, on interrompt le courant, on remplace l'électrode d'argent par une électrode d'or vert, et l'on peut dès lors employer ce bain pour la dorure. Pour obtenir un dépôt d'or rouge, on procède absolument de la même manière, avec cette seule différence qu'on emploie du cuivre à la place de l'argent.

Quand on analyse les bains et les dépôts ainsi obtenus, on trouve un résultat surprenant : le rapport entre l'un et l'autre des métaux dans le bain est inverse au rapport de ces deux métaux dans le précipité. Ainsi l'or vert se compose de 2/3 d'or et de 1/3 d'argent, tandis que le bain d'où il est précipité contient 1/3 d'or pour 2/3 d'argent.

On prépare une *solution d'argent* en dissolvant dans le cyanure de potassium un précipité bien lavé de chlorure d'argent ou de nitrate d'argent, puis en diluant avec la même quantité d'eau distillée. Il faut environ 200 grammes d'argent pour 1 kilogramme de cyanure de potassium et 10 à 14 litres d'eau.

Le cuivre, le bronze, le laiton, le fer et l'acier peuvent être argentés directement, mais l'acier poli, l'étain et le zinc doivent au préalable être recouverts d'une mince couche de cuivre.

Pour le maillechort, Kick recommande le tremper les objets à argenter, dans une solution très étendue de nitrate de deutoxyde de mercure, avant de les suspendre dans l'auge à décomposition.

L'épaisseur du dépôt d'argent varie de $\frac{1}{10}$ jusqu'à $\frac{1}{450}$ ou même jusqu'à $\frac{1}{1000}$ de millimètre (1 gr. 24 d'argent par mètre carré). Quelquefois par-dessus l'argenture on dépose une pellicule excessivement mince de palladium, pour protéger l'argent contre les vapeurs sulfureuses.

Quelques communications de Henri Bouilhet, dans la revue *La lumière électrique*, montrent quelle importance la galvanoplastie de l'argent a prise dans ces derniers temps.

Rien que dans la fabrique Christofle, on précipite annuellement plus de 6000 kilogrammes d'argent par voie électrolytique. De 1842 à 1881, on y a mis en œuvre 169000 kilogrammes d'argent. L'épaisseur moyenne du dépôt d'argent représente environ 3 grammes d'argent par centimètre carré. Si l'on rapprochait toutes les surfaces que l'on a argentées dans cette maison, depuis sa fondation, on en recouvrirait une superficie de 56 hectares. Bouilhet estime que la quantité d'argent employée annuellement à l'argenture pour Paris s'élève à 25,000 kilogrammes; pour l'Europe et l'Amérique à 125,000 kilogrammes, ce qui correspond à une valeur d'environ 25 millions de francs.

Depuis 1871, Christofle se sert d'une machine Gramme qui, en faisant 300 tours par minute, précipite, par heure, 600 grammes d'argent dans quatre bains en quantité. Les frais de production des enduits galvaniques ont notablement diminué par l'emploi des machines Gramme. En effet, quand on se servait d'une pile, le prix du courant nécessaire pour précipiter 1 kilogramme d'argent était de 3 fr. 87; avec la machine Gramme, si l'on tient compte des intérêts et de l'amortissement du capital, la précipitation du kilogramme d'argent ne revient qu'à 0 fr. 94.

Une autre fabrique importante est celle de Geislengen (Würtemberg) qui emploie plus de 60 ouvriers dans ses ateliers d'argenture; elle travaille avec 12 grands bains et 7 machines dynamo-électriques.

Krupp, de Vienne, produit des enduits d'argent très solides sur objets métalliques; il nikelise ces objets, puis il les plonge dans une solution de cuivre semblable à celle employée pour la galvanoplastie; enfin il les argente. Ses couverts en maillechort sont préparés de cette façon.

Voici, d'après G. Sartori, un procédé pour argenter les objets en métal Bessemer. On commence par enlever toutes les traces de graisse, au moyen d'une lessive chaude, puis on attaque légèrement par l'acide chlorhydrique dilué et on frotte avec du sable fin. On verse ensuite dans de l'eau acidulée par l'acide chlorhydrique une solution de nitrate de mercure jusqu'à ce qu'une bande de cuivre, bien propre, plongée dans ce liquide, se recouvre d'un enduit blanc. Mais, comme le fer ne s'amalgame pas comme d'autres métaux par simple immersion, on le relie au pôle zinc d'une pile Bunsen et on le plonge ensuite dans la solution de mercure en se servant, comme anode, d'une plaque de charbon ou de platine reliée à l'étectrode charbon. Le métal Bessemer est bientôt recouvert de mercure. On le retire, on le lave bien et on le plonge dans une solution d'argent. Quand l'objet est retiré du bain, on le lave; on le chauffe sur un feu de charbon, dans une cheminée qui tire bien, jusqu'à ce que l'objet argenté, touché avec les doigts humides, fasse entendre un sifflement perceptible; puis on le laisse refroidir, on le gratte bien, et on le polit s'il est nécessaire.

Quand on veut économiser l'argent, on commence par déposer sur l'objet en métal Bessemer, par voie électrolytique, une couche d'étain chimiquement pur. A cet effet on dissout 1 partie de crème de tartre dans 8 parties d'eau bouillante. et on relie une ou plusieurs anodes d'étain au pôle charbon d'un élément Bunsen; on suspend au pôle zinc un morceau de cuivre attaqué et on fait marcher la pile jusqu'à ce qu'il se soit déposé assez d'étain sur le cuivre. On remplace alors la lame de cuivre par l'objet en métal Bessemer, et lorsqu'il est recouvert d'étain chimiquement pur, on l'argente en le suspendant entre des lames de maillechort. On peut même se servir comme anode d'un dépôt d'argent légèrement recouvert de maillechort. Il faut noter que ce produit revient à bien meilleur compte que les objets argentés en laiton, argentan, etc.

Kalmar de Vienne, en Autriche, recommande le procédé

suivant : dissoudre de l'argent fin dans de l'acide nitrique chimiquement pur, faire évaporer, fondre le nitrate d'argent, le dissoudre dans de l'eau pure, précipiter par l'acide prussique jusqu'à ce que, par l'agitation ultérieure, il ne produise plus de précipité vaseux ou trouble. (En manipulant l'acide prussique, il faut avoir bien soin de ne pas en respirer les vapeurs et de travailler sous un tuyau d'appel d'air fonctionnant parfaitement.) On lave le précipité obtenu comme je l'ai dit, et on ajoute du cyanure de potassium jusqu'à dissolution complète. On se sert de la solution aussi concentrée que possible en employant des anodes d'argent, après avoir enduit le moule de caoutchouc non de plombagine ordinaire, mais de plombagine argentifère, qui est bien préférable, par suite de sa plus grande conductibilité.

Le docteur Ed. Ebermayer ne Nuremberg a récemment construit un appareil pour dorer par la galvanoplastie les fils et les toiles d'argent ; cet appareil se trouvait à l'exposition de Nuremberg, de 1882. Le fil d'argent qui se trouve sur une bobine (on opère quelquefois sur deux fils simultanément), passe sur un cylindre de laiton, relié au pôle zinc de la pile. De petits rouleaux de caoutchouc durci, très mobiles, le maintiennent plongé dans une cuve de porcelaine, de 24 centimètres de long, contenant le liquide doreur : 15 grammes de bichlorure d'or, 100 grammes de cyanure de potassium, 11 litres d'eau. Au moyen de fils de platine, auxquels sont suspendues des feuilles de platine ou d'or servant d'anodes, on fait entrer dans les liquides doreurs le courant qui part du pôle charbon. Après s'être doré, le fil passe dans un bain de cyanure de potassium, puis dans un bain laveur ; il se dessèche ensuite entre des rouleaux recouverts d'étoffe ; il s'enroule enfin sur des bobines : il est terminé.

Irene Lang, de la maison Louis Lang et fils, de Sélestadt (Alsace) a fait breveter le procédé suivant. Les toiles métalliques sont cousues ensemble, de manière à former une toile sans fin, et cette toile est fortement tendue par deux rouleaux BB (figure 43). Ces derniers sont recouverts d'une masse non conductrice et disposés dans un cadre, de telle sorte qu'ils peuvent tourner et servir, en les rapprochant ou les écartant l'un de l'autre, à tendre des toiles de diverses longueurs. Le support de chaque rouleau est isolé du cadre. Le cadre est isolé de l'une des électrodes, laquelle est constituée par une plaque ou un tissu fixé parallèlement à la toile métal-

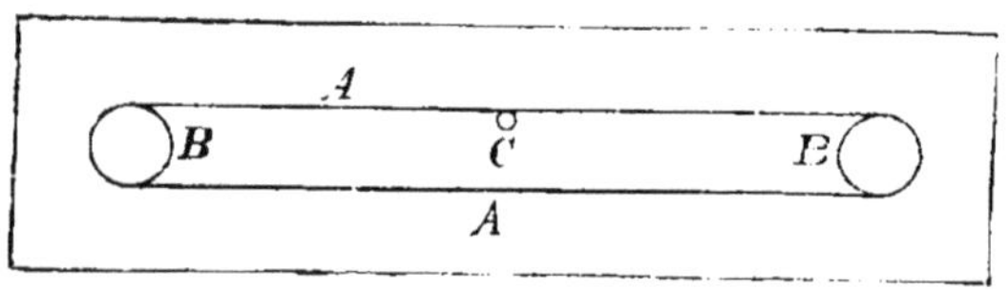

Fig. 43.

lique tendue. En abaissant le cadre, on plonge tissu métallique, rouleaux et électrode dans un liquide électrolytique jusqu'à ce que le nikelage de la toile métallique soit achevé. On interrompt alors le courant, on relève le cadre et on enlève la toile métallique. La seconde électrode est constituée par le rouleau métallique C, qui touche toute la largeur du tissu métallique et qui distribue l'électricité. Le support de ce rouleau est soutenu dans le cadre de la même manière que les rouleaux B ; il tourne à mesure que la toile métallique avance.

Mentionnons enfin en terminant quelques intéressantes et nouvelles applications de la galvanoplastie.

J. B. Kayser fils, de Crefeld, exécutent depuis peu des décorations d'objets métalliques, d'après un procédé inventé par O. von Corvin-Wierbitzky, de Leipzig. Pour décorer — par exemple une assiette ou un plat — en *corviniello* (c'est le nom qu'on donne à ce genre de décorations), on polit le fond du modèle, qui est généralement en métal, et on y trace le dessin que doit figurer l'assemblage des diverses pièces à mettre en œuvre, métal, jais, ambre, et surtout pièces de mosaïque de Florence. En sciant, en limant, en polissant, en coupant, en estampant, etc., on donne aux diverses pièces la forme qui leur est imposée par la place qu'elles doivent occuper dans le dessin ; le devant doit généralement être plat. On colle provisoirement ces pièces par cette face sur le fond poli du modèle, aux endroits qu'elles doivent occuper dans le dessin. Le modèle étant ainsi chargé, on le prépare de la manière usitée en galvanoplastie, et l'on précipite sur son fond un métal quelconque que l'on précipite d'une solution saline, au moyen d'une pile. Ce précipité recouvre tout le fond de l'assiette, et enveloppe avec la plus grande précision les pièces collés et leur fond, à moins qu'on ne les isole à dessein en les enduisant de vernis ou de cire. Quand le précipité métallique à atteint l'épaisseur voulue, on le détache du modèle, ce qui n'est pas difficile, car le vernis qui a servi à coller se détache facilement. On a par ce procédé une assiette dont le devant est poli et dont les diverses pièces, collées ensemble, sont jointes les unes aux autres avec une précision que n'obtiendrait pas la main la plus habile. On peut encore par la gravure décorer cette surface, ou la noircir, l'argenter ou la dorer. On fabrique de la même manière, et à un bas prix extraordinaire, des panneaux décoratifs pour meubles, et beaucoup d'autres objets semblables.

Pour exécuter des décorations d'or et d'argent dans ce

genre, on trace le dessin avec du blanc de plomb sur le corps métallique qu'il s'agit de recouvrir; quant au reste de la surface, on l'enduit d'un vernis inattaquable par les acides et par les alcalis; on met enfin l'objet ainsi préparé dans un bain d'acide nitrique très étendu, où il sert de pôle positif à une pile dont on fait passer le courant dans ce bain. Le sel de plomb se dissout et le métal est attaqué aux places où a lieu la dissolution. Quand l'action de l'acide est suffisamment avancée, on retire l'objet, on le lave et on le met aussitôt dans un bain très faible d'argent ou d'or, où il sert d'électrode négative. L'or ou l'argent se précipite dans les creux produits par l'action de l'acide et y adhère fortement. Quand ces creux sont remplis, on interrompt l'opération, on enlève le vernis; enfin on polit l'objet à la main. Cette dernière opération a généralement pour objet de ramener la surface du précipité au niveau de la surface de l'objet. Quand un objet doit être fabriqué à plusieurs exemplaires, on a recours à cette méthode pour faire un modèle, puis, à l'aide des méthodes galvanoplastiques, on reproduit l'objet avec les dessins en creux.

La décoration s'opère par les moyens décrits plus haut.

Christiani a récemment présenté à la Société de physique de Berlin une série d'échantillons de corps organiques, — feuille de mûrier, pomme, papillon, escargot, cerveau de lapin, bouton de rose, recouverts — par un nouveau procédé galvanoplastique — d'une mince pellicule d'argent, d'or ou de cuivre, et reproduits avec les plus petits détails de leur forme primitive extérieure.

Quand on veut recouvrir des objets par ce procédé, on commence par les plonger dans une solution alcoolique de nitrate d'argent, puis on les dessèche et on les traite par l'hydrogène sulfuré et l'hydrogène phosphoré. Devenus ainsi d'excellents conducteurs de l'électricité, on les plonge dans un bain galvanoplastique ordinaire, où ils se recouvrent presque instantanément d'une couche métallique.

Le docteur Matti, de Crémone, a reproduit autrefois des organismes par la galvanoplastie : le musée de Naples possède encore la partie supérieure du corps d'un enfant qui, il y a quelques années, a été recouverte d'une couche de cuivre et qui s'est, par suite, très bien conservée. Un certain nombre de préparations anatomiques faites de la même façon ont été présentées en 1878 au congrès médical, à Turin.

Chandler Roberts est le premier qui ait conseillé d'*employer le courant électrique pour ramener au poids légal les pièces de monnaie* : en 1870, en effet, d'après Ernst (*Œsterreichische Zeitschrift für Berg-und Hüttenwesen*), il conseilla de faire d'abord des piles avec les pièces ayant trop de poids, puis de soumettre ces piles sur leurs bords à l'action d'un dissolvant approprié, en faisant intervenir le courant électrique. Les flans sont assortis par catégories de poids à peu près égal qui sont soumises séparément à ce traitement. Cette opération se pratique aujourd'hui dans les grandes monnaies de Calcutta et de Bombay ; on place les pièces de monnaie dans un vase de bois rempli de cyanure de potassium de façon à ce qu'elles se touchent. Pour produire le courant, on se sert d'une machine dynamo-électrique de Siemens.

Roberts a recommandé d'employer la méthode galvanoplastique pour augmenter le poids des pièces de monnaie trop légères, au lieu de les refondre. — Il est vrai que Dienik, en 1859, avait déjà donné ce conseil, mais le procédé n'avait pas été appliqué.

Aujourd'hui, dans les établissements monétaires des Indes, on précipite sur les pièces trop légères l'excédant des pièces trop lourdes. A cet effet, on superpose deux appareils analogues, mais en ayant soin de faire en sorte que leurs plaques d'argent ne se touchent pas. L'appareil supérieur, dont la plaque d'argent communique, par le fil conducteur, avec le pôle positif du générateur d'électricité, contient les pièces trop lourdes ; l'appareil inférieur, dont la plaque d'argent est reliée au pôle négatif, contient les pièces trop légères. Les deux appareils sont placés dans un vase contenant une solution concentrée de cyanure de potassium. Les métaux se dissolvent au pôle positif à l'état de cyanures doubles, tandis qu'ils se précipitent au pôle négatif si le courant est assez fort. Quand le courant est trop faible, on précipite les métaux les uns après les autres.

CHAPITRE IX

Électrométallurgie.

L'idée d'obtenir les métaux purs par l'électrolyse des minerais et de leurs solutions remonte à 1835, elle est due à Becquerel. Ce savant commençait par chlorurer et sulfatiser les minerais, puis il mettait, dans les lessives clarifiées, des éléments qui se composaient de zinc, de fer ou de plomb, associé à du cuivre ou à du charbon calciné. Les plaques du métal non oxydable ou les substances conductrices non métalliques étaient mises en contact immédiat dans la solution argentifère; le métal oxydable était, au contraire, placé dans des diaphragmes poreux de toile à voile ou de peau non tannée, remplis d'acide chlorhydrique et plongeant dans la solution de minerai. Becquerel faisait ensuite communiquer métalliquement ces diaphragmes avec les plaques non oxydables ou avec des substances conductrices non métalliques.

Lorsque le résidu insoluble du minerai s'était déposé, on versait le liquide dans d'autres récipients où se trouvaient les éléments que je viens d'indiquer. 20,000 kilogrammes de minerai, envoyés à Paris, du Mexique, du Pérou, du Chili, de la Sibérie, de Freiberg, de Sainte-Marie-aux-Mines et de diverses localités de France furent traités avec succès par ce procédé.

En réunissant plusieurs de ces éléments en piles, on

a pu abréger le temps nécessaire pour la précipitation des métaux. Becquerel, dans son *Traité d'électricité et de magnétisme*, p. 18, décrit un établissement pour le traitement des minerais d'argent, dans lequel on pouvait traiter en une seule fois 900 mètres cubes de la solution saturée de chlorure de sodium, tenant le chlorure d'argent en dissolution; il fallait vingt-quatre heures pour obtenir 500 kilogrammes d'argent. L'expérience a montré que, dans le cas où l'on ne peut chlorurer par voie humide les minerais d'argent contenant du cuivre ou du plomb, on peut les exploiter par l'électrolyse, pourvu que le sel de cuisine et le bois pour le grillage des minerais soient à bon marché.

En 1838, Becquerel inventa un autre procédé. En voici le principe. On commence par faire subir aux minerais un traitement préparatoire au moyen de divers procédés qui dépendent de la nature de ces minerais et des produits chimiques qu'on peut se procurer dans le pays. On fait ensuite passer, dans la masse de minerais préparée convenablement et humectée de chlorure de sodium, un courant électrique qui amène l'argent au pôle formé par les métaux non oxydables, et qui permet ainsi de l'obtenir sous forme de poudre, de cristaux ou de feuillets. — Depuis 1840, ce procédé n'avait pas trouvé d'application pratique; en 1868, il attira l'attention d'industriels exploitant les mines de Californie. C'est ce que nous apprend une série d'articles publiés dans le *Courrier de San-Francisco*. On fait communiquer la pile avec la poudre du minerai, vraisemblablement après l'avoir humectée d'une solution de sel de cuisine; on plonge, dans la pâte formée par ce mélange, des plaques de cuivre amalgamé et sans doute aussi des plaques d'un métal oxydable; on relie les premières au pôle négatif et les secondes au pôle positif de la pile; puis on donne à cette masse un mouvement continu de rotation. Le sel d'argent se décompose sous l'influence du courant et du cuivre amalgamé.

Au moyen de ce procédé, on extrait, dit-on, 80 à 87 pour 100 de l'argent contenu dans les minerais.

En 1867, Pattera a publié une méthode de cémentation du cuivre des eaux de cémentation de Schmœllnitz. Elle consiste à remplir de morceaux (ou de plaques) de fonte une série de vases en argile ou en sapin et à relier ces vases à la cathode formée de morceaux de coke. L'activité de l'anode est provoquée par une solution de sel de cuisine de concentration moyenne. Le cuivre se dépose sur les morceaux de coke.

Elkington, selon la revue *Zeitchrift des Vereins deutscher Ingenieure* (1871, page 463), propose de déposer électrolytiquement le cuivre sur des plaques de ce métal, tandis que les métaux étrangers se précipiteraient.

Le procédé est surtout avantageux quand on traite le cuivre argentifère : il permet d'extraire l'argent du cuivre facilement et à peu de frais, même quand la proportion d'argent est très petite. Elkington fond le minerai par le procédé ordinaire et il obtient un régule que l'on coule en plaques de 66 centimètres sur 20 de surface et une épaisseur de 2 cent. et demi. Pendant la fusion, on maintient dans le moule, à un de ses bouts, une pièce en T de cuivre forgé; c'est cette pièce qui permet de retirer la plaque du moule.

On porte les plaques dans la cuve à dissolution. S'il y a des stries au fond, on a soin de les recouvrir avec de petites plaques. Cette cuve contient une épaisse couche d'argile qui rend le fond imperméable. Ce dernier a une pente de 42 millimètres par mètre. Il a des gouttières longitudinales qui servent à recevoir des vases que des coins maintiennent au même niveau. Ces vases communiquent les uns avec les autres par des tuyaux de gutta-percha qui aboutissent dans chacun d'eux à 10 centimètres du fond. Il y a, dans ces vases, une dissolution de sulfate de cuivre, que l'on peut préparer soit en attaquant des scories riches, soit en dissolvant immédiatement du sulfate de cuivre du commerce. On entrave au besoin la circulation du liquide entre les vases, en pressant un peu avec des pinces les tubes de caoutchouc qui les font communiquer entre eux. On suspend les plaques de cuivre, par leurs appendices en T, dans les vases; elles s'y dissolvent. Le courant électrique, au lieu d'être produit par une pile, est produit par des machines électromagnétiques. Le cuivre dissous se dépose sur des plaques de cuivre pur.

Les plaques de cuivre se dissolvent complètement, à l'exception des pièces en T, qui sont protégées par un enduit de cire, de manière à pouvoir servir pour une autre opération. Les plaques sur lesquelles se forme le précipité sont en cuivre presque pur. Chacune d'elles communique par un fil métallique avec la plaque à dissoudre dans le vase voisin. Le cuivre précipité peut être immédiatement laminé ou tréfilé, ou vendu pour la fonte.

Comme la solution de sulfate de cuivre s'affaiblit peu à peu et se charge de sulfate de fer, il faut la renouveler totalement de temps en temps.

Voici un procédé avec lequel Keith extrait le cuivre des résidus liquides des fabriques de sulfate de cuivre. Ces résidus contiennent environ 4,5 pour 100 de cuivre, argent, nikel, étain, zinc, antimoine et fer. Il introduit du fer dans une solution de sulfate de fer, incomplètement saturée, qui se trouve dans des vases d'argile poreux, et il place ces vases, ainsi remplis, dans des vases plus grands qui contiennent la solution de cuivre et une feuille de cuivre. Il réunit le fer et le cuivre par des fils conducteurs. Il faut de temps en temps enlever la solution de fer , c'est-à-dire l'étendre d'eau. Keith estime à 1 *cent* américain (5 centimes environ) les frais du procédé pour le traitement de 500 grammes de cuivre, quand la tonne de déchets de fer est estimée 20 dollars (100 fr. environ). D'après des renseignements ultérieurs, un cheval-vapeur, employé à faire marcher une machine dynamo-électrique de construction appropriée, permet de précipiter 569 kilogrammes de cuivre en 24 heures; on peut augmenter ce rendement jusqu'à 1020 kilogrammes de cuivre.

Il paraît que, dans un établissement de Swansea, on exécute en grand la séparation de l'or et de l'argent, d'après le procédé Keith. Chaque machine précipite 3 tonnes de cuivre par jour. On n'indique pas la force employée.

Morton (*Engineering and Mining Journal*, 1882, tome XXXIII, page 292) prétend éviter les difficultés que le procédé de désargentation de Keith a rencontrées antérieurement, en faisant plonger les plaques de plomb à désargenter dans un liquide contenant 130 grammes d'acétate de sodium et environ 20 grammes de sulfate de plomb par litre, et en donnant au liquide un mouvement continu au moyen d'une pompe, de manière à réduire la polarisation entre les pôles de plomb, de 1/10 à 1/30 de volt. Une machine de trois chevaux décompose, dans 4 vases à décomposition, 1500 kilogrammes de plomb d'œuvre par semaine.

Selon Hampe, le plomb précipité à la cathode par le procédé Keith n'est pas absolument pur, et contient une certaine proportion de bismuth. Voici la décomposition qui a été obtenue avec une solution de

6 litres d'acétate de plomb, contenant 77 gr. 92 de métal par litre et acidulée avec 4 pour 100 d'acide acétique, les électrodes ayant 13000 millimètres carrés.

	Métal brut.	Précipité de plomb.	Résidu d'argent.
Plomb	98,79767	99,99297	23,97
Bismuth ...	0,00376	0,00305	11,20
Cuivre	0,37108	0,00060	14,44
Antimoine ..	0,55641	0,00099	29,70
Argent.....	0,25400	»	18,435
Étain	0,00575	0,00041	—
Nikel	0,00730	»	0,090
Zinc.......	0,00271	0,00198	1,80
Soufre.....	0,00132	»	»
	100,00000	100,00000	99,635

Cobley propose le procédé suivant pour préparer à l'aide des minerais de cuivre les solutions à traiter par l'électrolyse.

Quand les minerais contiennent surtout des sulfures (telles sont les pyrites cuivreuses, par exemple), on les grille ou on les calcine avec soin pour éliminer en partie le soufre et pour transformer le sulfure en sulfate soluble ; on ajoute ensuite de l'acide sulfurique pour transformer en sulfate l'oxyde qui a pu se former par le grillage, puis on épuise la masse par de la vapeur ou par de la vapeur et de l'eau dans des récipients spéciaux. On peut faire passer, à plusieurs reprises, sur le minerai le liquide ainsi obtenu, pour le concentrer. On précipite le fer et les autres impuretés, de la solution froide, par addition de calcaire, de magnésite ou de dolomie pulvérisées ; ou bien on évapore la solution jusqu'à consistance sirupeuse pour transformer les sels de fer en combinaisons insolubles sans décomposer le sulfate de cuivre. La solution que l'on en obtient peut servir pour l'électrolyse ; cependant il est bon de la saturer par l'oxyde ou le carbonate de cuivre, pour que le liquide pendant l'opération conserve toujours la même concentration. Pour éviter la polarisation pendant la précipitation, on introduit, dans la solution, des vapeurs d'acide sulfureux obtenues par le grillage des minerais. Comme générateurs de courant, on emploie principalement des machines dynamo-électriques.

Ainsi que nous l'avons déjà vu au chapitre IV, Siemens et Halske de Berlin, se sont occupés spécialement de l'extraction du cuivre des minerais par l'électrolyse et ils ont déjà introduit ce procédé dans plusieurs grands établissements. Ils donnent sur leur procédé les renseignements suivants :

« Le cas le plus simple pour obtenir en grand des métaux à l'état pur dans l'industrie métallurgique, est la purification électrique du cuivre qui, ayant passé par le four d'affinage, contient tout au plus 2 0/0 d'impuretés et peut être coulé en plaques. Les machines dynamo C_1 et C_2 conviennent parfaitement pour cet usage. La première fournit 300 kilogr., la seconde 150 kilogr. de cuivre pur en 24 heures, dans 12 bains en tension. C_1 exige environ 10 chevaux ; C_2 5 chevaux. La surface des électrodes dans chaque bain doit être à peu près de 30 mètres carrés (par exemple 30 plaques de cuivre brut de $0^m,5$ sur 1 mètre et autant de plaques de cuivre pur) ; la section des conducteurs doit être de 20 centimètres carrés. On peut enrouler le fil et insérer les machines de telle sorte que le courant ne puisse se renverser. On peut construire des machines appropriées à tous les genres de précipitation métallique par le courant et, en général, à toutes les grandes opérations électrochimiques industrielles.

« Il existe diverses raisons pour lesquelles il serait

désavantageux de construire des machines beaucoup plus grandes que C_1. Quand une seule machine de ces dimensions ne suffit pas, il vaut mieux en employer plusieurs et assigner à chacune d'elles un travail particulier. Quand le métal à purifier contient beaucoup plus d'éléments étrangers que n'en contient par exemple le cuivre raffiné (voir plus haut), il faut pour une quantité de précipité déterminée, appliquer d'autant plus de force que la matière brute est plus impure. Il faut le maximum de force quand on a à précipiter le métal, non d'un alliage impur, mais d'une solution. Dans ce cas, il faut prendre pour cathodes le charbon, le platine, le plomb ou d'autres métaux difficilement oxydables, sur lesquels par conséquent se produit le dégagement de gaz.

« Pour apprécier, dans les cas de ce genre, s'il y a lieu de conseiller l'installation d'appareils pour le traitement de la matière par l'électricité, il faut faire des expériences préliminaires accompagnées de mesures. Les meilleurs instruments pour ces expériences sont les *éléments* dits *américains* ou les *machines* magnéto-électriques (M_1, M_2, M_3) et le *galvanomètre* de torsion. Les expériences préliminaires permettent d'apprécier si l'exploitation peut être fructueuse et de juger du genre de machine qui convient le mieux au cas à traiter. »

Trois grandes machines fonctionnent actuellement sans interruption (nuit et jour) à l'établissement métallurgique d'Oker. Chacune d'elles fournit le courant nécessaire à 10 ou 12 bacs à précipitation. Dans chaque bac, il se précipite 25 kilogrammes de cuivre par vingt-quatre heures. Une machine fournit donc, en tout, de 250 à 300 kilogr. de cuivre par jour, en consommant 8 à 10 chevaux-vapeur. La résistance intérieure de la machine est de 0,0007 unités Siemens; la force électromotrice est d'environ 3 daniell. Ces données et ces résultats concernent un cuivre brut ne contenant pas plus de 1/2 pour 100 d'impuretés.

Plus le cuivre est impur, plus est grande la polarisation électrique dans les bacs, et moins est fructueuse l'exploitation, car il faut une force considérable pour vaincre la polarisation. Cette polarisation est maxima quand il y a dégagement de gaz, c'est-à-dire quand l'eau se décompose. On n'aura donc, dans des cas semblables, recours à la précipitation électrique que si la force motrice est à très bas prix ou si les produits de la précipitation peuvent obtenir un prix élevé.

La revue *Œsterreichische Zeitschrift für Berg-und Hüttenwesen* donne les détails suivants sur la qualité du cuivre précipité par électrolyse. Au toucher, on croirait qu'il est friable et qu'il va céder sous la pression des doigts ; il possède cependant une grande ténacité et une grande ductilité. Par des expériences que l'on a faites récemment dans une fabrique de laiton, on a constaté que les feuilles de cuivre précipité, en passant par les laminoirs, s'allongeaient dès la première fois beaucoup plus que des feuilles de toute autre espèce de cuivre et acquéraient moins rapidement l'élasticité que toute autre sorte de ce métal. Elles n'ont donc pas besoin d'être aussi souvent recuites : de là une notable économie de combustible et de salaires. Les propriétés du cuivre précipité se montrent encore mieux, quand on l'emploie à divers travaux, et surtout dans l'estampage. J'ai sous les yeux des chandeliers d'église, d'une hauteur considérable, et présentant plusieurs évasements; ces chandeliers ont été obtenus d'un seul coup de presse; ils n'ont été ni martelés, ni recuits. Cet exemple montre bien la grande ténacité du métal, en même temps que sa grande ductilité.

Fischer, dans le *Dingler's polytechnisches Journal*, présente les calculs suivants sur les résultats de la production électrolytique des métaux purs : Considérant que Siemens et Halske, avec leurs machines qui exigent de 8 à 10 chevaux-vapeur, précipitent quotidiennement 250 à 300 kilogrammes de cuivre, il conclut que pour précipiter 1 kilogramme de cuivre il faut dépenser $(10 \times 75 \times 60 \times 60 \times 24) : (428 \times 300) = 505$ calories. Wohlhill, avec 15 chevaux-vapeur par heure, a précipité 43 kilogrammes d'argent en disposant les bains en tension, tandis qu'il n'en a précipité que 15 en les plaçant en quantité, de sorte que 1 kilogramme d'argent correspond à $(15 \times 75 \times 60 \times 60) : (428 \times 43) = 220$ calories. Gramme, en disposant 48 bains en tension, a obtenu 23 grammes de cuivre par kilogrammètre, de sorte qu'ici 1 kilogramme de cuivre n'aurait exigé que 370 calories.

Ces résultats paraissent favorables au point d'exciter la surprise si on les compare avec les dégagements de chaleur qui se produisent lors de la formation des combinaisons dont il s'agit : 55960 calories pour une solution aqueuse de sulfate de cuivre contenant 68,5 de cuivre, et 16780 calories pour une solution de nitrate d'argent, contenant 214 d'argent. Voici, selon Thomsen, la chaleur d'oxydation des métaux suivants :

Métal.	Réaction.	Dégagement de chaleur.
Argent	$Ag^2 + O$	5900 calories.
Calcium	$Ca + O$	131360 —
Plomb	$Pb + O$	50300 —
Cuivre	$Cu + O$	37160 —

Il n'y a donc qu'une très petite partie de la chaleur employée à la production des métaux par le travail de réduction; on s'explique donc qu'il soit plus avantageux de préparer quelques-uns de ces metaux par l'électricité, surtoutquand, comme le magnésium et l'aluminium, ils ne peuvent être obtenus que très difficilement par les procédés chimiques. D'après la réaction Mg + Cl^2 = 151000 calories, Al^2 + Cl^6 = 321870 tandis qu'il suffit de 5960 calories pour précipiter 1 kilogramme d'aluminium et de 6292 calories pour 1 kilogramme de magnésium. Dans l'un et l'autre cas, c'est moins que la quantité de chaleur fournie par la combustion de 1 kilogramme de charbon.

Le four électrique de Siemens, décrit plus loin, transforme en chaleur un tiers du travail fourni par la machine à vapeur : c'est donc, quand les machines sont très bonnes, 3,8 à 4,5 pour 100 de la chaleur fournie par les combustibles. Hospitalier a obtenu, comme on le sait, de 2,8 à 4,5 pour 100.

Parmi les procédés électrométallurgiques récents, je me bornerai à mentionner les suivants.

Clark et Smith épuisent par l'eau froide le minerai chloruré; ils le lavent ensuite avec une solution d'hyposulfite de soude ou avec de l'eau d'épuration du gaz pour dissoudre le chlorure d'argent; ils précipitent l'argent par le courant électrique; puis ils réunissent le liquide provenant de cette opération avec les eaux qui ont servi à laver le minerai à chaud et précipitent le cuivre de ce mélange.

Blas et Miest, dans le *Chemical News*, 1882, tome XLVI, page 121, proposent de suspendre, à la place des anodes, les minerais sulfurés, compactes ou comprimés, contenant du soufre, de l'antimoine ou de l'arsenic, dans les solutions salines correspondantes. Les métaux se décomposent au pôle négatif; le soufre, l'arsenic, l'antimoine et la gangue restent à l'anode.

Selon C. Luckow, de Deutz, la forme sous laquelle le

zinc métallique pur est précipité des solutions neutres par le courant électrique dépend de la concentration de la solution et de l'intensité du courant. Lorsque la concentration et l'intensité augmentent, le métal, à égalité de surface et de distance des pôles, perd de plus en plus la forme de régule pour prendre celle de granules, de plus en plus fins. On emploie donc, pour l'électrolyse, des solutions qui contiennent jusqu'à 20 à 30 pour 100 de zinc. On opère la précipitation dans des caisses de bois ou dans des auges de pierre, hautes de 1 m. à 1 m. 20, larges de 1 m. environ et longues de 3 à 4 mètres. On prend, pour cathodes, des feuilles de zinc, ou des caisses grillées remplies de coke; pour anodes, des mélanges de minerais contenant du zinc, des produits de grillage et des produits métallurgiques avec du coke ou même du coke seul dans des caisses grillées. On place, sous les cathodes, des cadres de bois, chargés de plomb, sur la face inférieure desquels on tend une toile épaisse ou une claie d'osier pour recueillir le zinc. On introduit ensuite lentement la solution de zinc dans les caisses et on ferme le courant. Dès que le zinc métallique qui se dépose aux cathodes commence à présenter l'apparence de sortes de verrues ou d'arbres, on fait tomber ces appendices, en les secouant, pour qu'ils ne forment pas de ponts par lesquels le courant se rendrait aux anodes. On recueille de temps en temps l'écume qui se forme aux pôles à la surface de la solution de zinc et on la verse dans de petits récipients où elle se liquéfie lentement. Lorsqu'il s'est rassemblé beaucoup de zinc dans les caisses, on remonte les cathodes, on enlève les caisses, on lave le zinc qui s'y trouve et on le dessèche à l'air en couches minces. Il faut avoir soin de faire en sorte que la solution reste neutre, surtout quand on électrolyse le sulfate de zinc; moins, quand on électrolyse des solutions de chlorure de zinc. Ces dernières solutions ont une propriété désagréable : il se forme du chlore quand on se sert d'anodes de charbon. On peut refouler le chlore par l'air et aspirer les gaz au moyen de récipients à entonnoir, remplis de silicate de soude; on peut aussi éliminer le chlore par introduction d'acide sulfureux. Quand[1] on ne se débarrasse pas du chlore, on peut le faire servir à transformer en sesquioxyde le protoxyde de fer qui se trouve dans les solutions de zinc ou qui s'y forme. Sous la forme de sesquioxyde, le fer se sépare plus facilement des solutions de zinc. Quand on prend pour anode un mélange de coke et de blende, on peut, en électrolysant les solutions de perchlorures, dissoudre le zinc contenu dans les blendes et le précipiter sous forme métallique. Les solutions de chlorure de sodium, de concentration moyenne, légèrement acides, conviennent pour l'extraction directe du zinc des blendes.

Fischer, dans le numéro d'octobre 1882 du *Dingler's polytechnisches Journal*, passe en revue les expériences que l'on a faites jusqu'à présent pour *préparer le magnésium* par électrolyse.

Bunsen prépara le premier ce métal au moyen du chlorure de magnésium en se servant de ses éléments zinc-charbon. Il employait, comme auge à décomposition, un creuset de porcelaine, de 9 centimètres de haut et 5 centimètres de large, divisé en deux parties par une cloison descendant jusqu'au milieu de la hauteur. Les deux pôles charbon de la pile passaient par le couvercle. Les entailles en forme de dents de scie, pratiquées au pôle négatif, servaient à maintenir au-dessous du sel en fusion le métal précipité, qui, sans cette précaution, se serait élevé à la surface et y aurait brûlé.

E. Sonnstadt a recommandé le sel double $KMgCl^3$ pour la préparation du magnésium au moyen du sodium ; s'inspirant de l'exemple de Deville, il a conseillé de purifier le métal ainsi obtenu en le distillant dans un courant d'hydrogène.

Reichardt a proposé pour le même objet la carnallite. Un autre chimiste s'est prononcé pour la tachydrite.

La carnallite se prête parfaitement à la décomposition électrolytique. Pour empêcher le magnésium précipité de se réunir avec le chlore également mis en liberté ou avec l'oxygène atmosphérique, il suffit de faire passer, sur la carnallite qu'on décompose, des gaz réducteurs ou indifférents, par exemple du gaz de générateur desséché à la chaux et débarrassé d'acide carbonique en même temps que de l'azote sec (dans le cas où il faut récupérer le chlore), et de l'hydrogène. — Quand on opère dans un creuset la décomposition du chlorure double de potassium et de magnésium par le courant électrique, on fait entrer par le fond l'épaisse baguette de charbon qui sert de pôle négatif, tandis que la baguette de charbon servant de pôle positif entre par en haut en traversant le couvercle ; pendant l'opération on fait passer un des gaz précités, pour chasser le chlore et empêcher l'arrivée de l'oxygène. Les auges de graphite dont la description a été donnée page 103 (figure 34) conviennent mieux quand les sources d'électricité sont plus abondantes.

On peut évidemment faire servir le même gaz à plusieurs reprises en le desséchant et en le neutralisant avec de la chaux. Il est particulièrement avantageux de disposer un certain nombre de ces auges en tension. En faisant passer le gaz dans le mélange fondu, on peut, grâce au mouvement du sel, employer un bien plus grand nombre d'auges à décomposition. —

La disposition suivante permettra, semble-t-il, d'opérer sans discontinuer. On fait fondre le chlorure double et on le fait passer lentement à travers une série de tubes de porcelaine qu'on chauffe dans un four commun. Les électrodes sont formées par des plaques de charbon demi-circulaires (figure 44), entre lesquelles le sel *n* va à la rencontre du courant gazeux *s*. Le mélange salin s'écoule dans une allonge; on le laisse refroidir dans une atmosphère neutre ou réductrice, et on sépare du chlorure de potassium, le magnésium précipité en petites boules et plus ou moins pur selon la manière dont l'opération a été conduite. Dans une exploitation en grand, il serait possible que la valeur du chlorure de potassium couvrît en grande partie les frais d'achat de la carnallite.

Bien que, d'après des expérience de Roscoe, 72 grammes de magnésium donnent autant de lumière que 10 kilogrammes de bougies de stéarine, la lumière du magnésium, selon l'opinion de Frankland, serait bien plus chère que la lumière des bougies de stéarine et que celle du gaz. Mais si l'on considère que le magnésium coûte encore 450 francs, tandis qu'au moyen de l'électricité on pourrait le produire au vingtième environ de ce prix, la lumière du magnésium pourrait encore être très avantageuse.

Bunsen a préparé l'aluminium par l'électrolyse du chlorure double d'aluminium et de sodium qui fond à 200°, mais il n'a pu extraire que difficilement le métal du mélange salin, ce à quoi il est néanmoins arrivé en réglant convenablement la température. — Il faut employer des creusets de chaux ou de magnésie, car les creusets d'argile cèdent facilement du silicium à l'aluminium et le rendent cassant.

Würz estime que les frais de production du chlorure double susnommé s'élèvent à 25 francs par kilogramme et que ceux de l'aluminium lui-même atteignent 80 fr. E. de Haen (de Hanovre) estime que ce métal en barres revient à 160 fr. D'après d'autres renseignements, il vaudrait de 115 à 200 fr. le kilogramme.

Berthaut recommande d'employer, pour diminuer la consommation de chlorure double d'aluminium et de sodium, des anodes plates préparées par la compression d'une pâte d'alumine et de charbon. Il serait utile alors de faire traverser l'anode dans toute sa longueur, par le fil conducteur Z (figure 44), afin de diminuer la résistance.

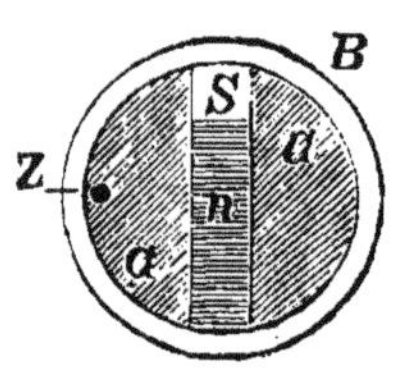

Fig. 44.

La cryolithe a l'inconvénient de ne fondre qu'à une haute température, mais elle présente beaucoup d'avantages.

Hagenbusch, de Leeds, émet l'idée bizarre de fondrede l'argile avec des fondants, d'ajouter du plomb ou du zinc, etc., de décomposer par le courant et de séparer l'aluminium par coupellation de l'alliage.

L'aluminium, malgré son prix élevé que je viens d'indiquer, est employé en grand aujourd'hui à la confection d'instruments d'optique, de physique et autres: balances, tabatières, cuillères, etc., etc. Sa ténacité extraordinaire par rapport à son poids, et sa grande résistance aux influences climatériques lui assureraient des usages bien plus étendus, si on parvenait à produire à un prix relativement modeste ce métal dont la matière première se trouve en si grandes masses à la surface du globe. On conçoit donc que de temps en temps on voie surgir de nouveaux inventeurs prétendant avoir, tantôt d'une façon, tantôt d'une autre, résolu le problème. La plupart se contentent de produire, non de l'aluminium pur, mais un bronze d'aluminium à bon marché.

A cet effet, J. Webster, d'Edgbaston (Grande-Bretagne) produit électrolytiquement sur des feuilles de cuivre un dépôt de 1 à 10 pour 100 d'aluminium et il le fond avec 1 pour 100 d'un alliage préparé selon le procédé suivant: fondre 20 parties de nikel et 2 parties de cuivre sous une couche de charbon, ajouter 18 parties de cuivre, remuer avec une tige d'argile, ajouter 53 parties d'étain, enfin 7 parties d'aluminium, et couler en barres. Cette matière conviendrait parfaitement, selon l'auteur, pour doubler la coque des navires, etc.

Une branche de l'électrométallurgie qui, certes, n'a rien de commun avec l'électrolyse, mais qui présente un grand intérêt, c'est la fusion de minerais et de métaux par le calorique de l'arc voltaïque, telle qu'elle a été pratiquement exécutée par Siemens et Huntington. Il est vrai que les combustibles solides ou gazeux produisent des températures suffisantes pour tous les besoins pratiques, mais on sait qu'une certaine limite de température ne peut être dépassée dans aucun four par la combustion de matières, solides ou gazeuses, carbonifères. On sait qu'à certaines températures élevées l'affinité chimique cesse complètement entre l'oxygène d'une part, le carbone et l'hydrogène d'autre part. Quand les produits de la combustion, acide carbonique et vapeur d'eau, sont exposés à ces hautes températures, ils se décomposent en leurs éléments. Le degré auquel se produit cette décomposition dépend de la pression. Pour l'acide carbonique, sous la pression atmosphérique ordinaire, il est situé à 2600° C. Du reste, la combustion se trouble déjà sensiblement avant la température de décomposition. On arrive à la limite pratique lorsque la chaleur perdue par le rayonnement du four devient égale à la chaleur produite par la combustion.

L'électricité nous fournit un moyen de produire des températures supérieures à la température de décomposition, et les résultats pratiques auxquels on est arrivé dans ce sens permettent de prédire à l'arc voltaïque de nombreuses applications.

Déjà en 1807, Davy réussit à décomposer la potasse au moyen du courant d'une pile Wollaston de 400 éléments. En 1810, le même investigateur surprit les membres de la Royal-Institution par la magnificence de l'arc lumineux produit de la même manière entre des pointes de charbon. Aujourd'hui, les courants magnéto-électriques et dynamo-électriques nous permettent de produire l'arc voltaïque bien plus facilement et à bien meilleur compte qu'on ne pouvait le produire du temps de Davy.

Dewar a montré dernièrement qu'un grand nombre de métaux prennent l'état gazeux dans son tube de chaux ou dans son creuset : la température est si haute que dans le soleil seul on trouverait la pareille : témoin les lignes du spectre renversées.

Pour appliquer la chaleur de l'arc électrique à de grands effets, tels que la fusion du platine, de l'iridium, de l'acier ou du fer, ou à des réactions et à des décompositions qui exigent, avec une température extraordinaire, l'absence des influences perturbatrices inévitables dans un four chauffé au moyen de substances carbonées, il faut que la température ne reste pas concentrée dans un foyer relativement restreint, mais qu'elle se distribue dans un espace assez vaste.

Siemens a construit un nouvel appareil (figure 45), pour fondre électriquement des matières telles que le fer, l'acier ou le platine ; c'est un creuset ordinaire T, de graphite ou d'autre matière suffisamment réfractaire, engagé dans un enveloppe métallique H. L'espace entre le creuset et l'enveloppe métallique est rempli de charbon de bois pulvérisé ou d'un autre corps mauvais conducteur, mais infusible. Au fond du creuset, il y a

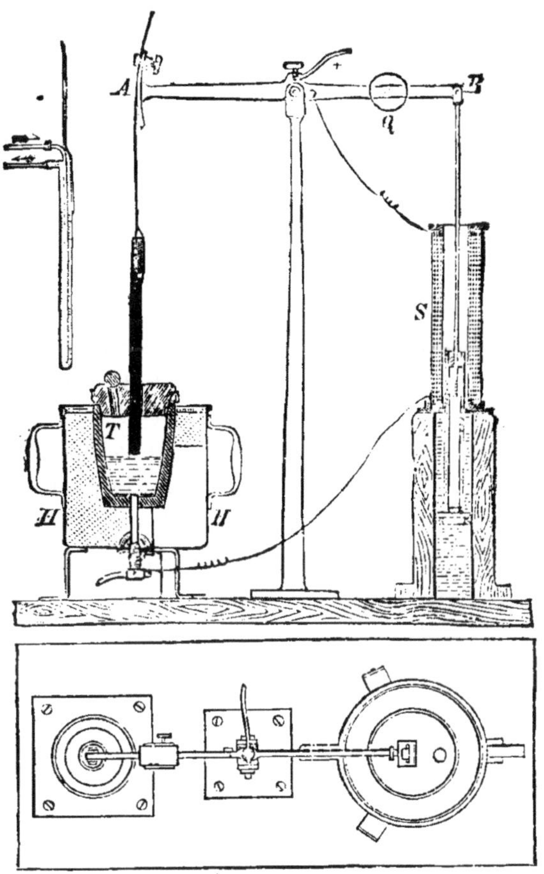

Fig. 45.

un trou dans lequel on engage une tige de fer, de platine, ou de charbon dense, comme les crayons employés dans l'éclairage électrique. Le couvercle du creuset est percé d'un trou destiné à recevoir le pôle négatif. Un gros cylindre de charbon dense est excellent pour constituer ce pôle. Le dit pôle est fixé, au moyen d'une lame de cuivre ou d'autre matière bonne conductrice, au bout A d'un fléau qui est soutenu par le milieu et dont l'autre bout est relié à un cylindre creux, de fer doux, pouvant se mouvoir librement et verticalement à l'intérieur d'une spirale de fil métallique S, dont la résistance est de 50 unités à peu près. Au moyen d'un poids Q, que l'on peut déplacer à volonté sur le bras relié au cylindre de fer doux, il est facile de faire varier l'inclinaison de ce bras du fléau, dans la direction de la spirale métallique, de manière à contrebalancer la force magnétique qui attire le cylindre dans le solénoïde S. Une extrémité de la bobine est reliée au pôle positif de l'arc électrique par le fil inférieur, l'autre extrémité au pôle négatif de cet arc électrique par le fil supérieur. Comme la spirale possède une grande résistance, la force avec laquelle elle attire le cylindre de fer est proportionnelle à la force électromotrice entre les deux pôles, ou en d'autres termes à la résistance de l'arc électrique lui-même. On fixe à volonté la résistance de l'arc et on la maintient dans les limites convenables vu la source de force, en déplaçant le poids Q sur le fléau. Si, pour une cause quelconque, la résistance de l'arc vient à augmenter, l'intensité du courant qui traverse la bobine de fil métallique augmente, et l'attraction magnétique l'emporte sur le poids, de telle sorte que l'électrode négative plonge plus profondément dans le creuset ; mais, quand la résistance descend plus bas que la limite voulue, le poids fait redescendre le cylindre de fer dans la bobine, et la longueur de l'arc augmente jusqu'à ce que l'équilibre entre les forces agissantes soit rétabli. Des expériences faites avec de longues bobines de fil ont montré que, dans les limites d'un mouvement de plusieurs centimètres, c'est-à-dire depuis le niveau d'entrée du cylindre dans le solénoïde jusqu'à un niveau dépassant tant soit peu la moitié du plongement, la force d'attraction sur le cylindre de fer ne varie que très peu ; de là possibilité d'une action presque uniforme sur l'arc, le long d'un parcours de plusieurs centimètres. La figure 46 représente les effets d'attraction qu'une bobine de fil métallique, semblable à celle dont il vient d'être question, exerce sur son noyau de fer doux. Les abscisses représentent en millimètres les profondeurs du plongement du bout supérieur du noyau de fer doux; les ordonnées représentent en grammes la force d'attraction.

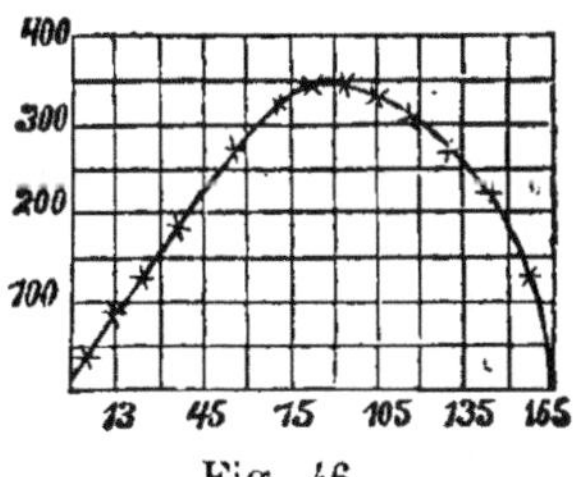

Fig. 46.

Le réglage automatique de l'arc est très important pour la fusion par l'électricité. Sans lui, on perdrait en partie les résultats avantageux du procédé, la résistance de l'arc diminuerait avec une extraordinaire rapidité au fur et à mesure que diminuerait la température de l'atmosphère surchauffée du creuset, et il se produirait alors de la chaleur dans la machine dynamo-électrique au détriment du four de fusion électrique. D'autre part, sans ce réglage automatique, la diminution momentanée de la résistance électrique présentée par la matière en fusion, augmenterait subitement la résistance de l'arc, peut-être même jusqu'à produire l'extinction de la lumière électrique. Une autre et importante condition du succès de la fusion électrique consiste en ce que la matière à fondre forme le pôle positif de l'arc lumineux. On sait que c'est surtout au pôle positif que se produit la chaleur. Lorsque la matière formant le pôle positif entre en fusion, le creuset n'a pas encore atteint la même température. Ce système, évidemment, n'est applicable qu'à la fusion de métaux ou d'autres conducteurs électriques, comme les oxydes métalliques. C'est là le cas général, celui du moins que présente l'industrie métallurgique. Quand on a à traiter des terres non conductrices ou des gaz, il faut avoir soin de prendre un pôle positif qui soit indestructible : par exemple en platine ou en iridium. Il est vrai que ces métaux eux-mêmes peuvent fondre et former une petite couche en fusion au fond du creuset.

Dans un four à fusion électrique, il faut quelque temps pour amener la température du creuset lui-même à un degré très élevé ; mais la rapidité avec laquelle la chaleur s'accumule est vraiment surprenante. Siemens a constaté que, quand on se sert d'une machine dynamo modifiée, de dimensions moyennes, capable de donner un courant de 36 unités Weber moyennant une dépense de 4 chevaux-vapeur, et de produire une lumière de l'intensité de 6000 bougies, un creuset de 20 centimètres environ, enfoncé dans une substance non combustible, est porté au rouge blanc en moins d'un quart heure, que la fusion d'un kilogramme d'acier s'opère dans le quart d'heure suivant et que les fusions suivantes s'opèrent dans de plus courts laps de temps. Quand on emploie un pôle de charbon dense, la réaction chimique que l'on se propose d'exécuter peut être troublée par des parcelles de charbon se détachant de l'électrode. Il est vrai que, dans une atmosphère complètement neutre, le pôle négatif ne se ronge qu'avec une extrême lenteur ; néanmoins il peut être nécessaire de le remplacer par un pôle négatif qui ne cède aucune substance à l'arc. Siemens a employé à cet effet un pôle d'eau, un tube de cuivre refroidi par un courant d'eau. C'est tout simplement un cylindre de cuivre fermé en bas et contenant un tuyau qui pénètre presque jusqu'au fond, tuyau dans lequel l'eau entre et d'où elle sort par des tubes de caoutchouc, de faible section. Le caoutchouc n'étant pas conducteur, la perte de courant, du pôle au réservoir d'eau, est si faible qu'on peut la négliger complètement. Il est vrai que l'emploi du pôle d'eau entraîne un peu de perte de chaleur par transmission, mais, au fur et à mesure que la température du four s'élève, cette perte diminue d'autant plus que l'arc s'allonge davantage et que le pôle remonte de plus en plus dans le couvercle du creuset.

Fischer fait le calcul suivant au sujet du rendement économique du four. La machine dynamo-électrique dépense 4,25 chevaux-vapeur ou 3,17 ergs par seconde ; elle envoie un courant de 40,5 unités Weber à travers l'unité de résistance électrique. Le même courant circule dans le circuit, quand on remplace la résistance par un arc dont la force électromotrice est maintenue constante par le contre-poids à 37 volts. Négligeons les fils de jonction : il se développe dans l'arc un travail de $1531,2 \times 10^7$ ergs par seconde $=$ $9187,2 \times 10^8$ ergs par minute, ou $1378,1 \times 10^{10}$ ergs en 15 minutes $= 32,8 \times 10^4$ calories. Admettons que l'acier ait la même chaleur spécifique que le fer, c'est-à-dire $0,0040 \times 0,000144$ t° à t° et que le point de fusion de l'acier soit 1800° : il faudrait employer 420,5 calories pour amener l'acier à cette température. Admettons, en outre, que la chaleur latente de fusion de l'acier soit de 29,5 calories, il faudrait 450 calories, en nombres ronds, pour fondre un gramme d'acier, ou 225000 calories pour en fondre 500 grammes, c'est-à-dire à peu près les $\frac{2}{3}$ de la chaleur produite dans le creuset, et

$\frac{1}{3}$ environ de la force réellement employée. Une bonne machine à vapeur, à détente et à condensation, transforme en travail mécanique, avec une perte de plus de 80 pour 100, la chaleur produite par le charbon; en d'autres termes, sur les 7000 unités que peut produire un gramme de charbon ordinaire, il n'y en a que la sixième partie qui soit rendue par la machine sous forme de travail. Par conséquent l'effet utile que l'on peut obtenir au moyen du fourneau à fusion électrique correspond à $\frac{1}{3} \times \frac{1}{6} = \frac{1}{18}$ de la chaleur produite par le combustible consommé sous la machine. Il faut donc, pour fondre 1 gramme d'acier dans le fourneau électrique, $450 \times 18 = 8100$ calories, ce qui, à une fraction près, équivaut à la quantité de chaleur que peut produire 1 gramme de charbon pur. Il résulte de ce calcul que théoriquement, quand on se sert d'une machine dynamo-électrique, mue par une machine à vapeur, 1 kilogramme de charbon peut permettre de fondre à peu près 1 kilogramme d'acier. Pour fondre une tonne d'acier dans des creusets, au moyen du fourneau ordinaire à soufflerie usité à Sheffield, on se sert de 2,5 à 3 tonnes de coke Durham, de première qualité. Ce même effet est produit par une tonne de charbon dans le fourneau à gaz régénérateur, tandis que, dans un foyer ouvert et en opérant sur de grandes masses d'acier fondu, 600 kilos de charbon suffisent pour obtenir une tonne d'acier. Le four à fusion électrique peut donc être considéré comme plus économique que le four à soufflerie ordinaire, et, à part quelques pertes accidentelles, dont il n'y a pas à tenir compte, il vaudrait presque le four régénérateur à gaz, pour ce qui concerne l'économie de combustible. Voici encore d'autres considérations en faveur du procédé : — 1° Le degré de chaleur que l'on peut atteindre est théoriquement illimité ; 2° la fusion se produit dans une atmosphère complètement neutre ; 3° le procédé peut être exécuté dans le laboratoire, sans beaucoup de préparatifs et sous l'œil de l'observateur ; 4° quand on se sert des matériaux difficilement fusibles d'ordinaire, la limite de température que l'on peut atteindre pratiquement est très élevée, car dans le fourneau à fusion électrique la matière en fusion est à une plus haute température que le creuset, tandis que dans le procédé ordinaire la température du creuset dépasse celle de la matière fondue. Je ne prétends pas que le fourneau à fusion électrique puisse remplacer les autres fourneaux, pour les usages ordinaires, mais les avantages qu'il possède et que je viens de signaler, le feront employer toutes les fois qu'on aura à produire des réactions chimiques exigeant des températures inaccessibles auparavant.

Je terminerai par quelques applications du courant électrique, qui, comme le fourneau à fusion électrique, n'ont, à la vérité, rien de commun avec l'électrolyse, mais qui ne pourraient faire l'objet d'un volume à part.

Il me faut tout d'abord mentionner l'emploi d'électro-aimants pour séparer de diverses substances des parcelles de fer et d'autres métaux. On a, en effet, construit des appareils pour séparer les minerais magnétiques des minerais non magnétiques et des roches sans valeur. Siemens et Halske vendent un appareil à tambour, à faces polaires concentriques, hélice de propulsion et organe à racler. Cet appareil pour l'industrie métallurgique a été remarqué à l'Exposition de Paris.

A cette même Exposition, il y avait un appareil de la

maison Pillivuist et Cie, de Mehun-sur-Yèvre, pour séparer les fines parcelles de fer qui peuvent se trouver dans la pâte avec laquelle on fabrique la porcelaine. — Cet appareil se compose d'un électro-aimant horizontal auquel le courant est fourni par une machine Gramme. Les deux pôles de l'aimant se trouvent à peu de distance vis-à-vis l'un de l'autre. Entre eux et les touchant, il y a une boîte pourvue, en haut, d'un entonnoir, en bas d'un tuyau d'écoulement. On introduit la masse lévigée dans l'entonnoir, de telle sorte qu'elle s'écoule en couche mince le long des parois de la boîte qui touchent les pôles, pour arriver ensuite dans les récipients à dépôt. Les parcelles de fer sont naturellement retenues contre les parois par la force magnétique, relativement considérable. Pour nettoyer l'appareil, il suffit d'interrompre le courant et de laver avec de l'eau sous pression; il faut faire cette opération deux fois par jour, du moins pour le modèle qui était exposé. On traitait, dans cet appareil, de 500 à 600 kilogrammes au moins de matière par jour; on retirait environ 1 gramme de fer par 12 kilogrammes de matière.

Le professeur Warren a, d'après le même principe, séparé des cubes de nikel pur de cubes falsifiés avec un tiers de cuivre.

Le procédé d'extraction du nikel, de Thomson, consiste essentiellement à commencer par aimanter le nikel, puis à le séparer, au moyen d'un aimant, des substances qui y sont mélangées mécaniquement. Quand le nikel est combiné à l'oxygène, il faut commencer par le séparer à l'état métallique, état dans lequel il est très magnétique. Les combinaisons de nikel et de soufre doivent être transformées en sous-sulfures: ces combinaisons sont également très magnétiques. Quand le nikel est mélangé avec des quantités considérables de métaux lourds, il faut opérer la séparation magnétique avant la fusion, sinon il se formerait des combinaisons chimiques avec les autres métaux, combinaisons desquelles on ne pourrait séparer le nikel par l'action de l'aimant. — Quand il y a beaucoup de fer avec le nikel, on suit le procédé que voici : on traite la combinaison oxygénée de nikel, naturelle ou artificielle, par un mélange d'oxyde de carbone et d'acide carbonique, en proportions telles que le nikel se réduise assez pour devenir magnétique, sans que le fer soit réduit, l'un des gaz agissant par oxydation, l'autre par réduction. Il est facile, du reste, d'employer d'autres gaz réducteurs. On ne peut pas démontrer positivement qu'il soit possible, par ce procédé, d'aimanter le nikel sans amener le fer au même état, mais, d'après des expériences d'Eustis et Howe, il est très vraisemblable que le procédé est assez délicat pour modifier le premier de ces métaux sans agir sur le second. Quoi qu'il en soit, dès que le nikel seul est devenu magnétique, on peut, au moyen de l'aimant, le séparer de tous les corps non magnétiques avec lesquels il est mélangé. — On assure que, dans les expériences auxquelles je viens de faire allusion, des minerais de nikel d'Oxford et de Québec, contenant de petites parties de millérite pauvre, avec du spath calcaire, du pyroxène, etc., ont été transformés en un minerai concentré, renfermant plus de 60 pour 100 de nikel.

Je ne dois pas oublier de mentionner ici un appareil excessivement ingénieux du professeur Graham Bell, appareil à l'aide duquel on peut déterminer très exactement la situation d'objets métalliques, balles, éclats d'obus, aiguilles, etc., dans le corps des hommes et des animaux, pendant la vie.

Designolle et Mansouty ont proposé d'*extraire élec-*

trochimiquement les métaux nobles, en faisant intervenir l'amalgamation. L'appareil nécessaire se compose d'un cylindre de fer horizontal, à bouts coniques. Il contient un certain nombre de boules de fer de diverses grosseurs.

On introduit par l'entonnoir le minerai grossièrement concassé, ainsi qu'une solution faiblement acide d'un sel de mercure, puis on fait tourner l'appareil. On moud ensuite le minerai finement. L'or qui y est contenu s'amalgame par action électrochimique. Aussitôt que l'amalgamation est terminée, on tourne l'appareil en sens opposé, de sorte qu'il se vide automatiquement au moyen d'une vis d'Archimède. L'appareil qui sert à rassembler l'amalgame se compose d'un certain nombre de plateaux de cuivre ou d'argent, horizontaux, fixés sur un arbre vertical qui tourne dans une boite. La boite est formée d'un certain nombre de portes dont chacune contient autant de secteurs qu'il y a de plateaux. Lorsque le plateau et les entonnoirs formés par la fermeture des portes ont été almagamés au moyen d'une solution de perchlorure de mercure et de chlorure de sodium, on ferme les portes, on met l'arbre en mouvement et on fait entrer le liquide qui vient de l'appareil à amalgamation. Ce liquide tombe d'abord sur le plateau supérieur; par l'effet de la force centrifuge, il s'étale en couche mince, et, dépassant le bord du plateau, il tombe dans l'entonnoir supérieur, par lequel il arrive jusqu'au second plateau et ainsi de suite jusqu'au dernier entonnoir. Quant au métal noble amalgamé, il se dépose sur les disques et sur les entonnoirs, d'où on l'enlève, après l'ouverture des portes, au moyen d'un racloir en caoutchouc. L'eau qui s'écoule par en bas ne contient que des roches sans valeur et les autres impuretés.

CHAPITRE X

Autres applications industrielles de l'électrolyse.

Je mentionnerai d'abord deux procédés récents *pour la préparation des alcalis caustiques par l'électrolyse.* Les inventeurs Th. Wastchouk et N. Gloukhoff de Moscou donnent les renseignements suivants, relatifs à la préparation du carbonate de sodium au moyen du sel de cuisine; ils font observer que la préparation du carbonate de sodium au moyen du sulfate ne diffère du premier procédé qu'en ce que l'on obtient, pour produit secondaire, de l'acide sulfurique au lieu d'acide chlorhydrique. Les inventeurs se servent d'un récipient fermé, de section elliptique, dont le petit axe a la moitié de la grandeur du grand axe et qui est partagé, dans le sens de ce grand axe, par une cloison poreuse, en deux parties égales dont chacune contient une électrode. L'anode se trouve à droite; elle peut être en platine ou en charbon. La cathode se trouve à gauche; elle est en platine, en charbon, en argent, ou mieux en fer. La décomposition se produit quand ces deux électrodes sont reliées à une source de courant quelconque et que le vase est rempli d'acide chlorhydrique. A droite, il se dégage du chlore qui, réagissant partiellement sur l'eau, produit de l'acide chlorhydrique; cet acide et l'oxygène provenant de la décomposition de l'eau vont se rendre par des tuyaux à gaz dans des récipients à moitié remplis d'eau. Les vapeurs d'acide chlorhydrique y sont absorbées, tandis que l'oxygène et le chlore sont conduits plus loin à une pile à gaz.

Dans la partie gauche du récipient elliptique, il se produit, par l'effet de l'électrolyse, du sodium métallique qui, en réagissant sur l'eau, forme de la soude caustique, et passe, accompagné d'hydrogène, dans un réservoir plus large ; la soude caustique se rassemble dans ce réservoir, tandis que l'hydrogène est conduit à une seconde pile à gaz. Il y a deux réservoirs pour la soude et deux pour l'acide chlorhydrique, afin que la marche de la fabrication ne soit pas troublée quand il faut réparer soit un réservoir d'acide, soit un réservoir de soude.

La solution saline se trouve dans un récipient supérieur; elle arrive par un tuyau qui en se bifurquant alimente également les deux portions de la cuve elliptique. Cette disposition permet de refouler peu à peu les produits de décomposition ; de plus, elle produit sur les électrodes une pression de liquide, grâce à laquelle la polarisation est affaiblie. La vitesse avec laquelle la solution saline arrive dans la cuve à décomposition dépend de l'énergie de l'électrolyse. Quant à la limite à imposer à la vitesse d'écoulement, on la détermine par un essai : elle est atteinte quand une goutte de nitrate d'argent trouble le liquide qui se trouve dans la solution de soude caustique.

On adapte deux bifurcations ou un plus grand nombre sur les tuyaux de dégagement de l'oxygène et de l'hydrogène, selon qu'il faut faire des piles de deux éléments ou d'un plus grand nombre. Les éléments peuvent être reliés ensemble, selon les besoins, en tension ou en quantité. Alimentées par les gaz qui se dégagent pendant l'électrolyse, les piles à gaz peuvent fournir un courant constant qu'on peut faire servir à opérer une électrolyse secondaire. A cet effet, il suffit de relier les pôles de la pile aux électrodes d'une autre cuve à décomposition. Les gaz qui se dégagent ici par la décomposition de l'eau peuvent être ramenés dans les premières piles à gaz ou servir à la formation d'autres piles qui peuvent opérer une électrolyse tertiaire.

Après avoir été desséchée et emballée dans des ballons de fer, la soude caustique ainsi obtenue est propre à être livrée au commerce. Pour préparer du carbonate de sodium, il suffit de saturer d'acide carbonique préparé de la façon ordinaire la solution concentrée de soude caustique. Le prix des produits dépend du prix du sel de cuisine et du mode de production du courant électrique. Ces produits sont plus purs que ceux des fabriques ordinaires, car ils sont obtenus au moyen de chlorure de sodium, sans addition de matières étrangères.

Le second procédé a été inventé par Léonhard Wollheim, de Vienne. Il permet d'obtenir de la soude caustique pure, par électrolyse d'un sel ou d'un mélange de sels, quand il y a déjà de la soude dans le sel simple ou dans le mélange de sel, et si la soude est l'élément le plus électropositif du mélange. Le procédé consiste à mettre, dès le début, du côté de l'électrode négative une solution de l'alcali caustique qu'il s'agit de produire et à introduire la solution saline dans le compartiment de l'électrode positive, celui précisément où doit se produire la potasse caustique. Pour auge à décomposition, on prend une caisse rectangulaire étroite, divisée dans le sens de la longueur par un diaphragme en deux compartiments, dont chacun reçoit une électrode. Un tuyau adducteur débouche dans le haut de chaque compartiment; un tuyau abducteur part du bas de chacun d'eux. Si l'on veut préparer de la potasse caustique au moyen d'une solution de carnallite ($KClMgCl^2+6HO$), il faut introduire une solution de potasse caustique dans le compartiment de l'électrode négative, une solution de carnallite dans le compartiment de l'électrode positive. Quand le courant passe, il se forme continuellement de nouvelles quantités de potasse caustique, qui enrichissent la solution primitive placée du côté de la cathode, car le courant électrique ne dépassant pas une certaine force, — soit qu'il agisse sur un sel simple, soit qu'il agisse sur un mélange salin à bases diverses — n'a d'autre effet que de transporter de l'anode à la cathode la substance électropositive.

Cette méthode de production n'est pas seulement applicable dans le cas où on laisse, du côté de l'anode, jusqu'à décomposition, une quantité déterminée de la solution de sels alcalins à traiter, mais aussi dans le cas où de nouvelles quantités arrivent constamment dans la cuve. Dans ce cas, la solution de potasse caustique, introduite du côté de la cathode, peut passer continuellement du tuyau supérieur au tuyau inférieur ou se renouveler de temps en temps. Par ce procédé on obtient également un produit très pur.

Dans la fabrication du carbonate de sodium, on a recommandé l'électrolyse pour la précipitation du fer, du plomb et de l'arsenic. D'après le *Journal of the Franklin Institute*, on a obtenu, par cette méthode, des résultats très satisfaisants, dans la fabrique de Merle et Cie.

Dans une grande maison de blanchiment, à White-chapel, en Angleterre, on se sert de l'ozone produit par une machine Wilde. L'ozone prend naissance quand on fait passer, à travers un courant d'oxygène, un grand nombre d'étincelles électriques ou généralement des décharges accompagnées d'étincelles. Or l'oxygène ozonisé possède à un haut degré la propriété de détruire par son action oxydante les substances organiques. C'est ainsi qu'il en débarrasse les objets soumis à ce genre de blanchiment. Ruhmkorff a construit, il y a quelques années, un appareil permettant de produire, à l'aide de ses bobines d'induction, une grande quantité d'ozone pour l'usage médical. J'ai décrit plus haut un nouvel appareil, destiné au même usage et avec lequel on produit, dit-on, de l'ozone en grande quantité. Cet appareil pourrait être employé également pour le blanchiment et pour un grand nombre d'autres opérations.

Le professeur E. Goppelsrœder a publié, dans le *Centralblatt für Elektrotechnik* un article remarquable, que je reproduis ci-dessous en ce qu'il a d'essentiel.

1° *On peut produire et fixer simultanément des matières colorantes sur diverses fibres*, particulièrement sur étoffes ou sur papier, en les imbibant de la solution aqueuse d'un sel d'aniline (jusqu'à présent on s'est servi du chlorhydrate), en plaçant les étoffes ainsi préparées sur une plaque métallique, qui repose sur un disque isolant en caoutchouc ou en verre, substance non attaquable par la réaction suivante, et que l'on relie à une pile ou à une petite machine dynamo; en plaçant ensuite le papier ou l'étoffe humide sur une seconde plaque métallique, portant en relief le dessin ou l'inscription à reproduire, et qui se trouve reliée à l'autre pôle, et en donnant alors la pression convenable, tout en faisant passer le courant, on obtient ainsi une copie noire du dessin. Il ne faut que quelques secondes, une minute tout au plus, jusqu'à la production complète du noir; les différences sont produites par la conductibilité de la solution du sel d'aniline employé, par l'acide du sel, par l'épaississant, par la température et par la force du courant. On a obtenu ainsi des empreintes de médailles et de monnaies aussi nettes que possible.

On peut très facilement, avec un crayon de métal non attaquable ou de charbon conducteur, formant l'une des électrodes, écrire sur une étoffe ou sur un papier imbibé d'une solution d'aniline et reposant sur une plaque métallique formant l'autre électrode. Le courant produit le trait noir en passant par les points où le crayon touche soit l'étoffe, soit le papier, avec une légère pression. On peut ainsi écrire ou dessiner presque aussi vite que par le procédé ordinaire. — Mais l'écriture et le dessin ne sont pas fixés mécaniquement comme le sont l'écriture et le dessin dans les conditions ordinaires; ils sont fixés chimiquement, car le noir d'aniline, à l'état naissant, se dépose sur la fibre elle-même. — En développant incomplètement, on n'obtient plus le noir, mais le vert connu sous le nom d'éméraldine, ou un mélange de noir et de vert. — Goppelsrœder, pour faciliter le développement complet du noir, ajoute à la solution du sel d'aniline des substances qui, par l'électrolyse, donnent naissance à un oxydant énergique. Mais ces additions ne sont pas nécessaires : l'électrolyse de l'eau et du sel d'aniline suffit.

Goppelsrœder se livre à des expériences relatives à la nature de l'épaississant à ajouter à la solution qui produit la couleur. Il faut, en effet, que le dessin ou l'écriture soit aussi nette que possible et sans bavures. Les substances qui ont jusqu'à présent donné les meilleurs résultats dans les conditions les plus diverses sont la gomme adragante, la colle de poisson, la gélatine et la colle forte. Goppelsrœder étudie aussi l'influence de la nature des électrodes, l'influence de la température, celle de la concentration et celle de la réaction de la solution qu'on électrolyse; il étudie enfin l'influence de la pression, celle de l'intensité du courant, etc.

On peut placer de diverses manières l'électrode qui ne dessine pas ou qui n'écrit pas. On peut, par exemple, quand on veut reproduire une médaille, placer l'étoffe imbibée de noir d'aniline sur une feuille de platine très mince, formant l'une des électrodes et reposant sur une plaque de caoutchouc, isolante et élastique; on peut aussi placer directement l'étoffe imbibée sur la plaque de caoutchouc et appliquer l'électrode de platine sur l'étoffe, aussi près que possible de l'autre électrode, formée par la médaille à copier.

Goppelsrœder est persuadé que l'on pourrait appliquer cette méthode électro-chimique dans les établissements de blanchiment, de teinture, d'impression sur étoffes, pour produire, sur les pièces à traiter, des dessins d'une franche couleur noire ou autre qui résisteraient certainement aux diverses opérations du blanchiment, de la teinture et de l'impression. On pourrait, de même, dans les établissements de douane, dans les maisons de commerce, etc., produire très simplement des marques inaltérables. — Goppelsrœder a construit pour ses expériences un timbre très simple, à l'aide duquel il imprime sans couleur préparée d'avance, et, rien qu'avec l'aide du courant agissant, par exemple, sur un sel d'aniline.

Pour faire servir aux expériences de reproduction dont j'ai déjà parlé une plaque de cuivre sur laquelle est gravé le dessin servant de modèle, Goppelsrœder recouvre d'un vernis, ne conduisant pas le courant, les parties non creusées de la plaque, puis il place sur cette plaque de cuivre ainsi préparée, qui fait fonction d'électrode, l'étoffe imbibée ; il pose alors, pardessus, une seconde plaque non gravée, qui forme l'autre électrode, pousse, à l'aide d'un rouleau, dans les parties creuses, la solution du sel d'aniline suffisamment épaissie et enlève avec une râclette la couleur de la surface de la plaque. Pour le reste, on procède conformément à la description précédente. Quand on ne veut pas seulement préparer des dessins noirs sur étoffes, mais teindre des écheveaux ou des étoffes (je suppose que ce soit en noir d'aniline uni), il faut commencer par rendre conductrice la fibre, en déposant à sa surface une mince couche métallique, par exemple. Si ensuite on la plonge dans la solution du sel d'aniline, en lui faisant faire fonction d'électrode positive, et qu'on y plonge aussi l'électrode négative, l'aniline se déshydrogénise, et le noir qui résulte de cette déshydrogénation se fixe immédiatement sur la fibre.

2° *On peut détruire les matières colorantes fixées sur les fibres et produire ainsi des dessins blancs ou de couleur sur fond uni.* Ainsi on détruira le rouge d'Andrinople ou le bleu d'indigo par un procédé analogue au développement et au fixage de couleur, que je viens de décrire. A cet effet, on trempe l'étoffe de couleur dans une solution de salpêtre, de sel de cuisine ou de chlorure d'aluminium. On fait passer le courant. Il se forme, au pôle positif : dans le premier cas, de l'acide nitrique, dans les deux derniers cas, du chlore. L'un et l'autre attaquent la couleur et la blanchissent en la transformant en produits d'oxydation blancs. Si l'on choisit des sels dont l'électrolyse produit des bases qui jouent le rôle de mordants, on peut, au moyen d'un nouveau bain de couleur, faire apparaitre de nouvelles colorations aux places sur lesquelles le mordant a agi.

Il est possible aussi de produire des colorations au moyen d'oxydes provenant de sels et formés sous l'influence de l'oxygène électrolytique. Goppelsrœder espère publier bientôt un mémoire sur la manière dont les solutions des différents sels se comportent en présence des fibres, pendant le passage du courant, et sur la question de savoir s'il serait pratique d'une part de ronger les couleurs par un procédé galvanique, et d'autre part de produire des colorations par les oxydes.

Il cherche également à précipiter sur les fibres, par le courant électrique, non seulement des oxydes qui jouent le rôle de mordants, mais aussi, et en même temps, des matières colorantes qui puissent former des laques avec les oxydes. Il espère pouvoir fixer ainsi sur les fibres, les matières colorantes qui exigent l'emploi de mordants, c'est-à-dire d'intermédiaires entre elles et la fibre : telles sont les matières colorantes de la garance et de ses décoctions, l'alizarine artificielle, la purpurine, etc.

D'autre part, Goppelsrœder a, en même temps, mangé la couleur et produit une nouvelle coloration à la place de la couleur disparue. Quand, par exemple, on a traité, par le chlorhydrate d'aniline, une étoffe teinte en rouge d'Andrinople ou en bleu d'indigo, la couleur se ronge partout où le courant passe, et en même temps il se forme du noir d'aniline qui se précipite immédiatement sur l'étoffe. Il se produit ainsi, en noir sur fond rouge ou bleu, des dessins ou des traits d'écriture ou des empreintes de timbre.

Toutes les combinaisons chromatiques autres que l'aniline et au moyen desquelles on peut produire des couleurs aussi facilement qu'avec l'aniline se comportent comme cette dernière dans les expériences décrites en 1° et en 2°. On peut donc produire, par électrolyse, des colorations diverses.

3° *Moyen d'empêcher l'oxydation des couleurs pendant l'impression.* C'est l'électrode négative qui joue ici le principal rôle : le courant qui en vient précipite, sur les fibres, soit des métaux lourds, soit des métaux nobles. (On sait que plusieurs métaux de l'un et de l'autre groupe ont été depuis longtemps employés dans l'impression sur étoffes.) Il suffit d'imbiber l'étoffe avec une solution suffisamment épaissie d'un sel de ces métaux et de faire agir l'électrode négative pour qu'aussi tôt le métal se précipite et se fixe. La fixation n'est pas uniquement mécanique, comme elle l'est dans le procédé ordinaire.

Pour empêcher l'oxydation des couleurs pendant l'impression, on plonge dans la cuve, où se trouve le rouleau, l'électrode négative d'une pile ou d'une petite machine dynamo-électrique, et on fait communiquer électriquement le contenu de cette cuve avec un réservoir secondaire très petit, contenant la même couleur ou un liquide conducteur quelconque. C'est dans ce liquide qu'on plonge l'électrode positive. Quant à la communication électrique entre la cuve principale et le réservoir secondaire, on l'établit soit au moyen d'une cloison en papier parchemin, soit au moyen d'une plaque d'argile poreuse ou d'un simple tuyau. L'hydrogène qui se dégage au pôle négatif empêche l'oxydation de la matière colorante dans laquelle se trouve ce pôle. Certaines couleurs et certains mélanges s'oxydent très rapidement et par suite offrent des difficultés à l'impression : par exemple, le bleu solide, le mélange d'acide propylique et de xanthogénate de sodium, ainsi que les mélanges servant à la production du noir d'aniline.

4° *On peut produire, au moyen du courant électrique,*

des solutions de matières colorantes réduites et hydrogénées (indigo, noir d'aniline, etc.). On se sert pour cela de l'hydrogène qui se dégage au pôle négatif et l'on réduit ainsi la matière colorante tout aussi bien qu'en employant les agents de réduction ordinaires : sulfate de fer, zinc, hydrogène sulfuré, glucose, etc.

Les meilleurs dissolvants pour les cuves basiques, pour l'indigo blanc, par exemple, sont les alcalis, et pour les cuves acides l'acide sulfurique. Quand les cuves sont prêtes, le meilleur moyen d'en empêcher l'oxydation, c'est de faire agir constamment sur elles l'électrode négative d'un courant faible. Il faut évidemment que les deux électrodes soient séparées aussi complètement que possible; il est facile, avec un peu de soin, de réaliser cette séparation.

L'auteur du travail très intéressant que je viens d'esquisser exprime, en terminant, ce vœu : « Puissent les faits que je viens de décrire être appliqués un jour à la télégraphie et à la téléphonie. »

En photographie, il parait qu'on facilite notablement le détachement du collodion, en électrisant positivement les plaques de verre par électrolyse.

W. Watson, de Saint-Marychurch (Angleterre) propose de faire passer, dans les flammes de gaz et dans d'autres flammes éclairantes, un courant qui électrolyse les éléments dont elles sont composées et qui augmenterait ainsi le pouvoir éclairant.

Dans la distillerie, Naudin, en collaboration avec Schrœder, a appliqué l'électrolyse à la suppression des mauvais goûts que présentent certains alcools. On sait que le goût désagréable de l'alcool de betteraves provient des aldéhydes qu'il contient, notamment de l'aldéhyde butylique et de l'aldéhyde amylique. Selon les deux inventeurs, l'hydrogène qui se dégage dans le liquide transformerait les aldéhydes en alcools exempts de mauvais goût, et on augmenterait ainsi de 25 à 30 pour 100 la quantité de l'alcool bon goût. Les inventeurs relient à un élément Gladstone-Terebe les solutions alcooliques étendues à 40° ou 60°; il y a aussitôt absorption de l'hydrogène dégagé, et l'odeur désagréable qui caractérise la solution alcoolique brute disparaît assez rapidement. En distillant cette solution, on obtient sur les anciens procédés un excédent de 25 à 30 pour 100 d'alcool bon goût.

Dans l'établissement Naudin de Bapaume-les-Rouen, on désinfecte journellement par cette nouvelle méthode 4000 hectolitres d'alcool de betterave.

Je signalerai, pour terminer, une invention de Émile Reynier, de Paris. Il s'agit d'un procédé pour produire l'électricité à bon marché, tout en traitant par un procédé électrochimique certains minerais, et certaines matières non métalliques. Je ne puis entrer ici dans les détails du procédé. Je me bornerai à mentionner qu'en précipitant divers métaux de leurs solutions, notamment le cuivre, le cobalt, le plomb, l'argent, le mercure, etc., on dégage de l'électricité qu'on peut faire servir à d'autres usages.

FIN

APPENDICE

GALVANOPLASTIE

Dépôts de platine. — On se sert généralement en France d'un procédé qui est dû à l'invention de M. Roseleur.

On introduit dans une capsule en porcelaine, 10 gr. de platine, finement laminé, ou mieux d'éponge de platine, avec 150 grammes d'acide chlorhydrique et 40 grammes d'acide nitrique concentré, et on chauffe.

Il se dégage aussitôt d'abondantes vapeurs rutilantes et le platine est entièrement attaqué en laissant un liquide rouge, qu'il faut continuer à chauffer jusqu'à ce qu'il devienne visqueux. On retire du feu, on laisse refroidir et on dissout dans 500 grammes d'eau distillée.

D'un autre côté on fait dissoudre 100 grammes de phosphate d'ammoniaque dans 500 grammes d'eau distillée et on mélange les deux solutions. Il se forme aussitôt un abondant précipité de phosphate ammoniaco-platinique qui nage dans un liquide orangé. On ajoute alors à la masse 500 grammes de phosphate de soude préalablement dissous dans un litre d'eau distillée, et l'on porte le tout à l'ébullition, que l'on entretient, en remplaçant de temps à autre l'eau évaporée, jusqu'à ce que la liqueur, d'alcaline qu'elle était, reste sensiblement acide au papier de tournesol. La liqueur devient incolore et peut servir de bain pour le platinage. Pour obtenir un bon dépôt il faut opérer à chaud sous l'action d'un courant électrique assez puissant.

Il existe un deuxième procédé, connu sous le nom de *procédé américain*, dont voici la composition. On prépare le chlorure de platine, comme nous l'avons indiqué plus haut, on le dissout dans l'eau distillée et on ajoute du cyanure de potassium, jusqu'à dissolution du précipité formé.

Le bain doit contenir environ 6 à 7 grammes de platine par litre.

Pour obtenir un bon dépôt il faut employer un courant qui ne soit pas trop énergique, et comme le bain s'affaiblit par l'usage, l'anode de platine n'étant pas attaquée par le cyanure, il faut de temps à autre ajouter du chlorure de platine.

Dépôts de plomb. — On emploie en France un bain composé de 10 grammes de litharge, dissous dans 100 grammes de potasse caustique et 2 litres d'eau. On se sert d'une anode de plomb et on ajoute de temps à autre de la litharge.

On peut également plomber les objets en les plongeant dans une bouillie claire de sulfate de plomb et en faisant passer le courant.

On se sert en Amérique d'une simple solution d'acétate ou de nitrate de plomb très peu concentrée et d'un courant très faible. Nous ne pensons pas que ce bain puisse régulièrement produire un dépôt convenable.

Dépôts d'antimoine. Voici la composition d'une solution préparée par M. Gore, qui s'est spécialement occupé de cette question.

Eau distillée,	350	grammes
Tartre émétique,	30	—
Acide tartique,	30	—
Acide chlorhydrique.	45	—

Il faut un courant assez énergique, la solution n'ayant qu'une faible conductibilité.

On peut employer également un bain composé de

Sulfate d'antimoine,	500	grammes
Carbonate de potassium,	1000	—
Eau,	8	litres.

On opère à chaud avec une anode d'antimoine.

Dépôts d'aluminium. — On n'a pu jusqu'à ce jour obtenir de dépôts convenables, malgré toutes les compositions qui ont été proposées et tous les brevets qui ont été pris.

Les meilleurs bains sont formés simplement par du chlorure double d'aluminium et de potassium dissous dans l'eau distillée, ou par le sulfate d'aluminium concentré et acidulé par l'acide sulfurique.

Il faut opérer à chaud, et avec un courant dont la force électro-motrice soit de 6 à 8 volts. Mais, nous le répétons, on ne peut obtenir que des dépôts de mauvaise qualité.

Dépôts de cadmium. — Ce dépôt, qui ressemble à de l'étain, est mou et ne présente aucun avantage dans l'industrie. On l'obtient en se servant d'un bain de sulfate ammoniacal préparé par addition d'ammoniaque aqueuse à une solution de sulfate de cadmium, jusqu'à redissolution du précipité qui se forme d'abord.

Il faut, comme pour l'aluminium, opérer à chaud, 50 degrés environ, et employer un courant d'une assez forte tension.

Dépôts de cobalt. — Préparer un bain avec du chlorure

de cobalt, et neutraliser l'excès d'acide par la potasse ou l'ammoniaque.

Avec une anode de cobalt, il n'est pas nécessaire d'ajouter du chlorure après chaque opération.

Nous terminerons en donnant la description d'un procédé *pour le cuivrage du fer et de la fonte* pratiqué récemment en Angleterre, et qui aurait, dit-on, donné de très bons résultats industriels. Ce procédé est connu sous le nom de procédé Walenn.

Après avoir décapé le fer dans l'acide sulfurique étendu, on le lave à l'eau courante et on le plonge dans une solution bouillante de potasse caustique. On en retire la pièce et on la met toute chaude dans le bain électrolytique. On attend, pour faire passer le courant, que l'équilibre de température soit établi. Le liquide du bain est un mélange de cyanure de potassium et de tartrate neutre d'ammoniaque, avec une quantité déterminée du métal en dissolution. Le cyanure maintient le métal dissous, et le tartrate empêche la formation de précipités. Le dépôt est obtenu avec une quantité relativement petite d'électricité de faible tension, il est doux au toucher et bien adhérent au fer; le même liquide est employé, quelle que soit l'épaisseur de la couche à déposer; la durée de l'opération est relativement courte, le dépôt homogène en toutes ses parties.

ÉLECTROMÉTALLURGIE

Le lecteur comprendra sans doute le motif qui a guidé l'auteur de cet ouvrage qui n'a, pour ainsi dire, parlé que des machines électriques propres à la galvanoplastie et à l'électrométallurgie fabriquées en Allemagne. C'est à peine s'il est fait mention de la machine Gramme, et c'est cependant la machine la plus répandue dans le monde entier. M. Gramme a livré à ce jour plus de 5,000 machines, dont au moins 500 destinées à des usines électro-métallurgiques. Sans compter les établissements français où elles se trouvent, à l'exclusion de presque toutes les autres machines, on les rencontre également en grand nombre à l'étranger, et même en Allemagne, dans les plus grandes usines, dans la *Nord deutsche Affinerie* de Hambourg, par exemple.

Cette fabrique, qui produit journellement 2,500 kilogrammes de cuivre chimiquement pur, reçoit le courant de 6 machines Gramme du type n° 1, et d'une beaucoup plus puissante, qui a été construite spécialement pour cette usine. Cette machine dépose dans 40 bains associés en 2 séries de 20, avec une surface active totale de 1200 mètres carrés et une distance entre les anodes et les cathodes d'environ 5 centimètres, 30 kilogr. et demi de cuivre par heure, soit environ 800 kilogr. par jour. La force motrice employée est de 16 chevaux, ce qui donne pour chaque kilogramme de cuivre traité une consommation de 171,700 kilogrammètres (soit environ un demi-cheval pendant une heure).

MM. Oeschger, Mesdach et Cie de Paris ont établi dans leur usine de Biache-St-Waast (Pas-de-Calais), une machine identique. Il existe encore d'autres établissements, font *l'affinage du cuivre* sur une moins grande échelle, mais le détail de leurs installations nous entraînerait trop loin. En résumé, le prix de l'affinage du cuivre varie de 20 à 40 centimes par kilogramme, suivant la nature des dispositions qui sont prises pour le fabriquer ; on arrivera peut-être à le produire à 15 centimes, mais nous ne pensons pas que l'on puisse beaucoup descendre au-dessous de ce chiffre, surtout si l'on veut obtenir du cuivre pur, possédant une haute conductibilité électrique.

En dehors du cuivre il n'y a guère que le plomb qui ait donné lieu à l'installation d'usines d'affinage importantes, et encore n'en existe-t-il qu'une qui produise régulièrement du plomb pur.

Cette usine appartient à la *Électro-metal Refining C°.* de New-York. On y exploite le procédé Keith dont il a déjà été parlé dans ce livre, au chapitre électro-métallurgie. En employant 48 vases en bois, renfermant chacun 50 plaques de 16 kilogrammes environ de plomb brut à 96 0/0 de plomb, et en disposant d'une force de 12 chevaux, cette fabrique fournit, dit-on, 10 tonnes de plomb par jour à 99, 9 de plomb. L'or et l'argent, contenus dans la matière brute, se déposent à l'état métallique sur de la mousseline qui entoure les électrodes positives, l'arsenic et l'antimoine sont oxidés et se combinent à la soude du bain.

Traitement électrolytique des minerais. — Malgré le nombre des combinaisons qui ont été présentées et des procédés qui ont été brevetés, nous ne pensons pas qu'il existe une seule application industrielle basée sur l'emploi de l'électricité au traitement des minerais.

Le problème a cependant une importance capitale pour le traitement des minerais d'or et d'argent, dont l'amalgamation présente des difficultés, et c'est sur ce point que doit se porter l'attention des électro-métallurgistes. Quant aux minerais de cuivre, de plomb, de zinc, le prix du traitement sera toujours, quoiqu'on fasse, nous le craignons, un obstacle insurmontable.

Le procédé Létrange pour le traitement de la blende. qui a été essayé en grand à Romilly et à Saint-Denis, n'a donné, au point de vue financier, que des résultats bien inférieurs à ceux des procédés métallurgiques ordinaires pour la fabrication du zinc métallique.

Quant au traitement des sulfures métalliques naturels par les procédés Blas et Miest, Deligny, Marchèse, etc., le résultat n'a pas été meilleur. Lorsque, après des essais de laboratoire plus ou moins réussis, les inventeurs ont voulu pénétrer dans le domaine de l'industrie, ils se sont heurtés à des difficultés insurmontables.

Un seul emploi judicieux a été fait jusqu'à ce jour, de l'électricité appliquée au traitement des minerais, non pour en retirer directement le métal, mais pour enrichir le minerai destiné aux opérations métallurgiques ordinaires. Nous voulons parler de la séparation mécanique des minerais métalliques par voie magnétique.

Les mines de Friedrichssegen près d'Oberlahnstein (Allemagne) emploient ce procédé avec succès depuis plus de trois ans, dans le traitement d'un minerai de fer et de blende. On commence par griller le minerai pour transformer le fer en oxide magnétique. Il faut environ 50 kilogrammes de houille pour griller 8 tonnes de minerai.

L'installation magnétique comprend 8 séparateurs, qui traitent ensemble en 12 heures 48 tonnes de minerai.

Le minerai naturel contient 12 à 15 0/0 de zinc et

20 à 22 de fer. Le séparateur produit de la blende contenant 33 0/0 de zinc, et presque exempte de fer.

Nous finirons par la description d'un procédé, qui, bien que n'ayant pas directement trait à l'électrométallurgie, a cependant des rapports avec la métallurgie et l'électricité.

Ce procédé consiste à découvrir les veines de minerais renfermés dans le sol. Il est dû à l'invention de M. J. Prince de Milford, Massachussets (États-Unis d'Amérique). M. Prince enfonce, dans le terrain à explorer, deux pieux métalliques, réunis par un conducteur, sur lequel sont une pile et une sonnerie. Si les pieux ne rencontrent aucune veine, le circuit est fermé par la terre et la bobine de la sonnerie est calculée de façon à ne pas être mise en mouvement dans ces conditions. Si, au contraire, un filon métallique se trouve entre les pieux, la résistance du circuit devient très faible et la sonnerie marche. D'après M. Prince, auquel nous laissons toute la responsabilité de l'assertion, ce procédé permet de *découvrir très rapidement la présence des minerais et la direction de leurs veines.*

Nous ne saurions terminer ces quelques notes sans signaler une erreur qui s'est glissée au sujet de l'électrolyse de l'eau dans la traduction d'une note que M. Japing a prise au journal *La Lumière électrique* de janvier 1882.

M. Japing donne le chiffre de 1,925,000 kilogrammètres comme force nécessaire pour électrolyser 1 kilogramme d'eau, et s'étonne que le travail résultant de la combinaison de 1/9 de kilogramme d'hydrogène et de 8/9 de kilogramme d'oxygène ne produise que le chiffre de 1,636,000 kilogrammètres, en disant qu'il serait d'un grand intérêt de savoir quelle est la cause de cette différence importante entre les deux chiffres.

La force de polarisation étant calculée en fonction du travail de combinaison, il ne peut exister de différence entre les deux chiffres, que si les bases du calcul sont mal établies; et c'est ici en effet le cas.

La force électromotrice nécessaire à la décomposition de l'eau n'est point 1,75 volt, mais 1,495.

En théorie un cheval-vapeur doit décomposer environ 170 grammes d'eau par heure. En pratique, et en opérant dans de bonnes conditions, il faut admettre une décomposition ne dépassant pas 50 grammes. Les industriels qui voudront *produire de l'hydrogène et de l'oxygène purs par l'électrolyse de l'eau*, ne devront pas compter sur un rendement de beaucoup supérieur à cette dernière évaluation.

LA LUMIÈRE?

NOUVEL APPAREIL PRODUISANT L'ÉLECTRICITÉ

SANS MANIPULATIONS NI CONNAISSANCES SPÉCIALES

LUMIÈRE ÉLECTRIQUE

Force motrice par l'électricité : Navigation, Tricyles, Tours, Machines-Outils, etc., etc.

L'électricité est obtenue avec cet appareil, *sans machines ni manipulations*. Il suffit d'ouvrir le robinet d'un réservoir qui contient un liquide excitateur, lequel passe dans l'intérieur de l'appareil et vient ensuite tomber dans un récipient inférieur. Pendant tout le temps que s'écoule le liquide dans l'appareil, l'électricité est produite *avec une constance absolue; elle peut être modérée à volonté* en ouvrant plus ou moins le robinet d'écoulement du liquide.

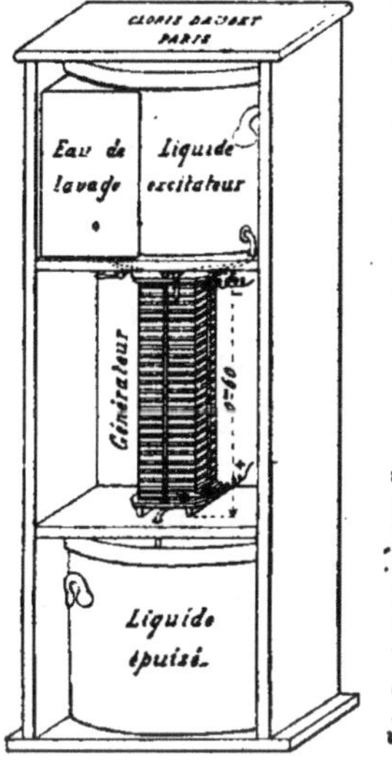

"LA LUMIÈRE" nouveau générateur d'électricité

Nous construisons cet appareil de deux dimensions :

L'appareil étant en action à son rendement maximum, on peut impunément éteindre la moitié des lampes sans que le courant se porte en excès sur celles qui restent allumées.

La lumière à arc voltaïque est produite dans les meilleures conditions ; avec deux générateurs en tension, on obtient un foyer très puissant.

Ces appareils n'étant pas encore livrés au commerce au moment où nous écrivons, nous ne pouvons encore indiquer leur prix ; nous pouvons néanmoins assurer qu'il sera *moitié moins élevé* que ceux des piles les plus vulgaires employées jusqu'ici et qui nécessitent des manipulations journalières.

Le rendement de ces appareils annoncé par nos circulaires *sera garanti*, et les ventes en seront faites sous cette condition ; *c'est là la meilleure preuve du bon fonctionnement de l'appareil.*

On peut voir fonctionner nos appareils dans nos magasins et salon obscur pour juger des résultats obtenus.

Demander la notice qui sera envoyée franco gratuitement.

CLORIS BAUDET, Breveté S. G. D. G. en France et à l'Etranger.

Rue Saint-Victor, 14, ancien 90 (près le square Monge). Paris.

ANGERS, IMP. BURDIN ET Cie, RUE GARNIER, 4.

www.ingramcontent.com/pod-product-compliance
Ingram Content Group UK Ltd.
Pitfield, Milton Keynes, MK11 3LW, UK
UKHW021130260726
13994UKWH00001B/81

9 782329 418759